U0127415

EXPERIENCE
VISION

使用者體驗願景設計

仔細觀察使用者，企劃出愉快的使用經驗

山崎和彥、上田義弘、鄉健太郎

高橋克実、早川誠二、柳田宏治◎合著

詹慕如、劉軒妤◎譯

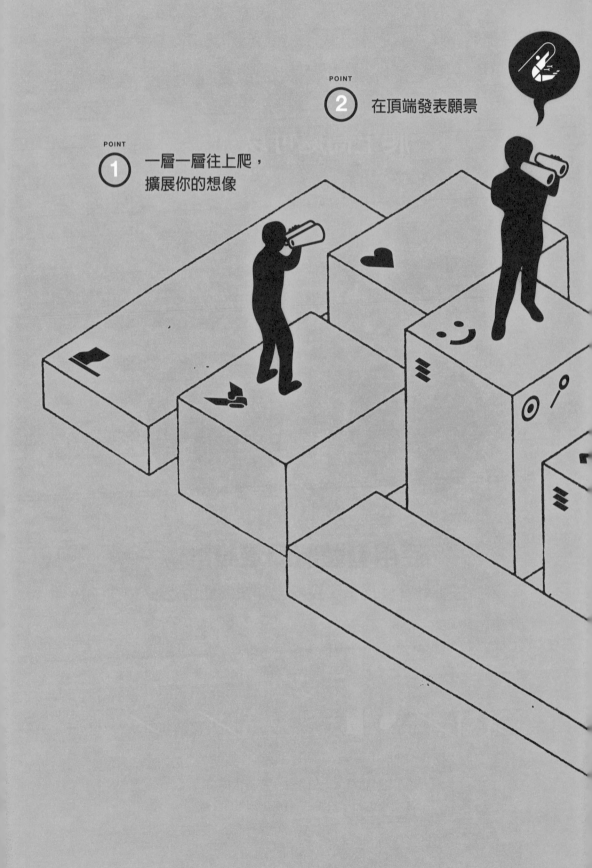

爬上高處可以
看清以往的盲點！

MR. VISION

POINT
3　一層一層往下走，
　　落實為實際創意

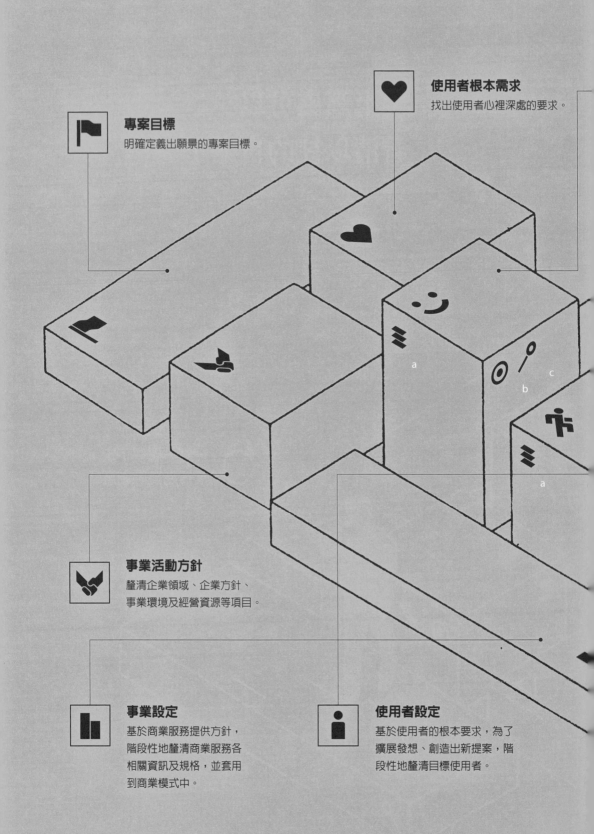

專案目標
明確定義出願景的專案目標。

使用者根本需求
找出使用者心裡深處的要求。

事業活動方針
釐清企業領域、企業方針、
事業環境及經營資源等項目。

事業設定
基於商業服務提供方針，
階段性地釐清商業服務各
相關資訊及規格，並套用
到商業模式中。

使用者設定
基於使用者的根本要求，為了
擴展發想、創造出新提案，階
段性地釐清目標使用者。

使用者體驗願景設計的架構圖

 價值劇本
從使用者觀點和商業服務觀點，來檢討、描述提供給使用者的價值。

 活動劇本
從價值劇本中設定一種情境，描述於該情境中的使用者行為。

互動劇本
將活動劇本的對象具體化，並描述使用者的操作內容。

結構化劇本
透過描述由三層構造所建構的劇本，創造出提供產品、系統、服務的有效性及效率性，並產出使用者滿意度高的創意。

可視化
以草圖素描或模型等可視化的方式來呈現劇本，使你的提案更容易理解。

評估
在各個劇本的階段進行評估，確認是否達到專案目標。

企畫提案書
運用經過可視化及評估作業的結構化劇本，寫明「使用者要求規格」以及「事業企畫」，將其整理為企畫提案書。

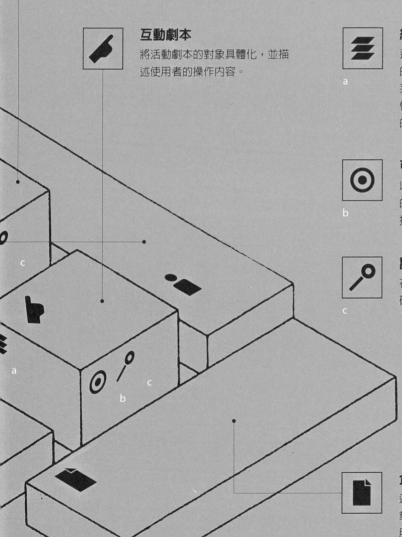

出版序

創新的王道，以需求為始

　　日本百年企業任天堂於2017年3月推出新款遊戲機「SWITCH」大受歡迎、魅力席捲全球的消息成為商業界的熱門議題；這個製造花牌發跡的京都企業，八〇年代靠紅極一時的紅白機擠身為全球知名品牌。「SWITCH」不以搭載全新科技應用為訴求，改以提供一個消費者可家用也可隨處玩的嶄新遊戲體驗，企圖在競爭者爭相用新科技吸睛的遊戲機市場突破重圍，新產品問市不到一年已成為任天堂開業以來銷售速度最快的新產品，全球熱賣超過1,400萬台以上，更一舉擊敗iPhone X，成為《時代雜誌》評選出來的2017十大科技產品第一。

　　這款新產品創下的銷售佳績，在今日人手一機，處處手遊的行動世代中實屬難得，探究其背後的成功因素，在於發掘使用者的根本需求，進而創造出一個全新的使用體驗，徹底打破家用主機與掌上遊戲機的疆界，讓使用者可以享受家用機的聲光效果，離開家還能隨時隨地運用平板與朋友共享多人遊戲的歡樂感。

　　任天堂用行動證明，創新不一定構築在新科技的競賽上，就如同本書提出的「使用者體驗願景設計」創新手法一樣，創新的原點就在於發掘使用者的根本需求開始。然而，台灣產業因著長期累積的製造實力成為國際供應鏈的重要一員，但如何強化從0到1的創新能力就成為能否再創台灣經濟成長新動能的關鍵，本書作者為日本產業、學界的專家，創造出這套具東方思維的設計思考操作步驟，理論與實務兼備，期盼能透過本書，提供國內企業跳脫製造思維，朝需求導向的創新持續努力。

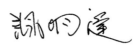

財團法人中衛發展中心董事長

以願景恆久遠，
容納需求千百變

　　走過經濟探底、311大地震與福島核災、產業前浪無力回春等各大衝擊，日本深刻反思既有社會系統面對劇變的侷限性，開始採取行動提升社會韌性，基礎建設與民眾心理的強化同等重要，與此同時，企業可以扮演更積極的角色。「使用者體驗願景設計」正是一套系統化步驟，協助企業推翻深信不疑的成功模式、破除慣常的問題導向思維，轉而面向民眾，提出具備先見和願景（Vision）的美好生活提案為目標，開發出在原來框架裡想不到的新產品、服務、系統。

　　企業有心創建體驗願景設計的養分與靈感何來？答案源自使用者的根本需求。本書靈活地運用劇本設計手法，將抽象隱晦的上層價值，到具體的活動情境與行為操作工具結構化，協助跨領域的創新團隊，從長期價值的願景入手，將千百種需求規格轉換成設計規格與銷售規格，可縮短成員間的認知差距，並且有效地進行使用者評估。

　　無獨有偶，龍吟研論自2013年持續投入兩岸市場的生活需求趨勢研究，歷經五年，累積超過2,000人次的先驅消費者深度訪談，萃取出數十個影響華人生活型態變遷與消費決策的核心價值，正可成為企業創建華人式願景設計的起點。面對渾沌不明的未來，人心與生活都需要領航者、點燈者、定錨者相助，設計可以讓生活更美好，也可以再往前跨一大步，讓生命更有面對時代變化的嶄新韌性。

李竺姮

智榮基金會龍吟研論總監

推薦序

兼顧「使用者需求」與
「公司商業模式」的創新手法

　　這是一本從人因工程角度，探討設計思考與事業模式如何形成的方法論專書。

　　設計思考（Design Thinking）問世至今剛好五十年，如今已成為全世界探討創新方法的顯學之一。設計思考是一套以人為本的問題解決流程與方法論，透過從使用者的需求出發，為各種議題尋求創新解決方案，並創造更多的可能性。唯過去坊間介紹設計思考的書籍大多以歐美國家的經驗為主，少有從亞洲國家角度來進行探討，本書是少數出版品之一。這是一本日文翻譯著作，強調以使用者為中心來進行需求探索與創意創新，稱它為日本版的設計思考，並不為過。唯，本書係從人因工程精神來探討使用者體驗與設計，字裏行間中可以強烈感受到日本文化的細緻嚴謹與標準化風格，有別於美國史丹佛大學D School與IDEO的開放與多元取向，十分有趣。

　　本書特別強調一套名為「使用者體驗願景設計」的工程方法。這套方法奠基於人因工程手法，引入以人為本思維，來進行未來新產品、新系統、新服務的新事業想像；或針對既有產品、系統、服務進行改善的提案企畫。人因工程的英文是Ergonomics，它是由希臘詞根「ergon」（意思是工作、勞動）和「nomos」（意思是規律、規則）複合而成，本義是人的勞動規律。本書的特色便是從人因工程的「動作拆解」與「規則建立」二大主軸來說明如何挖掘創意與設計創新。比較值得一提的是，有別於傳統設計思考只偏重使用者端的需求探討，本書中所介紹的手法同時兼顧「使用者需求」與「公司商業模式」二個層次，並以富邏輯的圖像視覺來拆解創意推導流程，並輔以大量案例說明，來幫助讀者入手。

　　這一本以日本「菊花與劍」文化重新解構並詮釋西方「設計思考」觀點的好書，值得推薦給有志於融合東西文化的讀者們。

逢甲大學公共事務與社會創新研究所教授兼所長

推薦序

讓讀者清楚了解
創新從零到一的過程

　　《使用者體驗願景設計》是一本融合IDEO設計思考的概念，配合上專案管理的技法，佐以日本嚴謹行事風格的創新實踐用書，書的結構從入門的精神、整體方法的描述、不同模板的實踐、到相關個案分析，循序漸進地描繪出體驗願景的設計方法與思維。

　　本書的「願景設計」是指透過社會趨勢、科技發展及產業變化，提出符合未來趨勢的設計創新，不單以現有的問題解決為主，更是提出人類未來的生活方式，追求服務品質的提升。

　　第一章，描述問題解決型設計法與提案型設計法的差異，第二章提出體驗願景的設計方法架構，建立體驗願景設計的理論與執行方式。基本架構遵循研究、設計、評估的流程，融合設計過程與專案管理流程，首先了解專案目標、使用者需求及事業活動方針。再透過使用者設定、結構化劇本、及專案設定等三個面向，思索服務的內容設計相關的細節，建立使用者的價值、活動與互動劇本，以滿足專案的設定。最後，評估產品的企畫與使用者的需求。

　　整本書的精華就在於此設計方法架構，讓讀者可以清楚的了解一個創新概念從零到一的過程，每一個階段都有細膩的文字描述，每一段的設計活動都會呼應專案計畫，配合上不同實務個案內容的節錄，是一本值得細讀與參考的書籍。

　　書中對於情境劇本的說明蠻值得參考，此方法十多年前起源於IDEO，後來台灣有梁又照老師、余得彰老師、及本人唐玄輝的推廣，在學術與實務界被運用，後來還幫助產出華碩變形金剛筆電。在目前物聯網與新零售的市場趨勢下，情境劇本法更能顯示出其對於人事時地物的思考，讓科技在對的情境下為使用者服務，豐富用戶體驗提升服務品質。

　　第三章為本書方法架構的八張模板，配合書中提供的範例，讀者可以在一個個模板的指引下，嘗試一步步的執行本書的架構。配合上第四章不同公司的執行案例，可以讓讀者更清楚不同的設計成果與執行面向，對於落實本書的架構有很大的幫助。

　　整體而言，本書具有相當的參考價值，透過方法架構與實際案例，可以理解日本從事體驗願景設計創新的歷程與細心，如果配合上實際執行不同模板，與同儕討論以及邀請資深設計師指導，將會跳脫看書填表格的問題，在本書的帶領下慢慢體會體驗願景設計方法的精髓，進而提出創新的願景，為新一代的產業服務。

台灣科技大學設計系教授與DITLDESIGN總監

推薦序
創新的關鍵不是方法，而是態度

　　十餘年來很多台灣企業嘗試導入各種創新方法卻無顯著成效。究其原因還是迷信方法中心主義。認為只要按表操課就能有確定的創新產出。但是套公式就做得出來的在本質上就不會多有價值。

　　這本《使用者體驗願景設計》是一本不錯的參考書與心法書。值得想求新求變的中小企業主一讀。書中談到的觀念及相關的細節，都是思考與實作過程中很好的提示。

　　雖然它看起來有明確的結構與流程，但是別把它當方法書用。要知道，最重要的發現永遠來自長期深入的觀察，以及源自直覺的洞察力。不是說那些方法不重要，而是你得先有心，才知道要用什麼方法。

　　鼓勵失敗很重要。創新是有風險的。如果企業低估了創新的風險，就會出現只許成功不許失敗的心態。但這心態只會讓團隊因為擔心失敗而趨於保守，最後抵達一個確定的終點：真的失敗。

　　創新並不容易，要找到對的人來做對的事。試著重新盤點人力資源，了解公司每一個員工，了解他們的的天賦、個性與興趣，即使未必與工作有關。當組織面臨未曾遇過的問題時。很多時候，這些原本看似無關的個人特質往往能提供最多的幫助。

　　創新，對外是企業與客戶共創價值，對內則是組織與員工共同成長。它不是一種方法，而是一致的態度。對內對外都要以人為本，才有可能成功。

蔡志浩

台灣使用者經驗設計協會創會理事長，現任理事

審校推薦序

創新過程中，企業思維及
使用者需求與願景同等重要

　　山崎和彥教授在進入千葉工業大學任教職前，擔任日本IBM
大和研究所使用者體驗設計中心的設計部長。就像「誰說大象不
會跳舞」一書所述，全世界能夠進入IBM工作的人，都是該領域的
佼佼者，而要能讓這一群人發揮所長，目標一致的完成組織的工
作，若非從人本中心的想法，確實難以達成。

　　山崎教授在IBM工作期間，也曾經歷過IBM因為內部過度開放
員工自由發展品項，而使得這家龐大的公司曾經一度面臨經營上
的困境，在其參與的公司決策過程中，有機會思考公司的核心價
值、經營策略、組織運作、員工能力的發揮及商品開發和消費者
之間的互動等攸關公司的發展，進而重新改造成目前新的經營型
態。

　　山崎教授離開IBM，進入千葉工業大學任教時，正值美國的
Design Thinking盛行，Design Thinking藉由同理(Empathize)、定義
(Define)、創意(Ideate)、原型(Prototype)及測試(Test)來進行商品開
發的前期工作；如同前面所述，山崎教授在IBM的工作期間，經歷
了如何思考公司的核心價值、如何透過組織運作建構新的專案、
如何判斷新的專案所需投入的企業內外部資源、如何理解消費者
內心潛在的需求、如何將需求透過公司的資源開發出符合消費者
想法的商品，而這一本「使用者體驗願景設計」則是他30多年的
工作經驗。山崎教授不僅將整個發展透過學術研究的模式，理出
一個清晰的架構，並組織學會中的研究會與多位學者及業界的專
家，藉由專案的執行方式，檢證此套理論的可行性。

　　藉由這一本書，我們可以清楚的理解，一個專案如何藉由
企業端的核心思惟到其所能掌握的資源，並探索消費者的潛在需
求，最終導入創新手法，開發出膾炙人口的產品、服務或是商業
模式。透過本書，我們不僅理解開發商品過程中，企業思維及消
費者需求探索與其願景是同樣重要的，並且在開發過程中，從
「價值」、「行為」到「互動模式」的三個層次建構，並透過視

覺化的呈現方式，協助參與專案的團隊成員容易理解計畫內容，並得以做精準的評估，最終完成縝密的開發計畫。就如此書的內容一般，滿足我們在經營企業過程中，核心價值建立、實施策略的建構到執行的細節規劃等不同層次的需求，是一本十分值得一讀的佳作。

范成浩

教授

目　錄

1 入門
INTRODUCTION
人本設計及提案型設計法 018

2 方法 METHOD
使用者體驗願景設計的創新手法　042

3 實踐 PRACTICE
使用者體驗願景設計的實踐 120

4 個案研究 CAST STUDY

使用者體驗願景設計的應用案例 148

1 入門

人本設計及提案型設計法

第一部將介紹可改善社會的設計法——人本設計及其方法。

其主要的方法有「問題解決型」和「提案型」兩種。

在此，我們將根據其個別特徵，說明提案型設計法的概念及案例。

1-1 何謂體驗願景

1 未來，挖掘潛在需求比解決既有問題，更重要

我們所處的經濟社會局勢與技術環境，正在面臨劇變。

亞洲各國 —— 特別是中國的崛起，以及日本長期的經濟低迷，再加上2011年的東日本大地震與福島第一核電廠核災事故，都對我們的生活帶來極大的衝擊。

但另一方面，我們也得以擁有跨越國界的全新機會。網路的發達使得個人也有機會直接接觸全球市場；而隨著消費者嗜好的多元與多變，如果能提供客戶細緻又具有彈性的服務，也有機會贏得新的客群；此外，資通訊科技的個人化應用，比如智慧型手機的普及，也提供了個人也能透過行動網路隨時隨地運用各種軟體與線上資源的完善環境。

在這樣的社會背景下，企業與個人必須著眼於能夠創造新願景的商業模式，善用新技術來創造新市場、改善社會，進而享有先驅優勢。換言之，我們的責任將不再是解決使用者已明顯認知到的問題，而是更應該引導出使用者的潛在需求，使這些潛在需求具體化，為今後的使用者提供新價值。

目前全世界在各個領域和職種上，都可以見到這樣的趨勢。像「設計思考」這樣的創新思維，帶給組織與社會偌大震撼，而逐漸受到矚目。然而，設計思考絕對不僅僅是企業經營者或少數企畫負責人才需要具備的能力，面對大環境的瞬息萬變，如果無法將各自學有專精的成員所擁有的創意能力整合起來，將無法處理各種難題。在這個時代，每個人都需要主動提出新的願景理想，對建構新服務做出自發性的貢獻。

在這種多樣化商業環境的背景中，逐漸開始有人質疑起過去只著重改善眼前問題的方法。因為他們發現，化解掉浮出檯面的問題，似乎稱不上是最好的解決之道。比方說，您是不是也曾有過這樣的想法：

- 持續推出各種新企畫，但始終催生不出熱賣產品（企畫人員）
- 想設計出讓使用者享受全新體驗的產品（設計師）
- 想重新建構一個讓使用者喜愛、又同時具有高收益性的網

站（網站製作人）

- 想重新檢視現有服務內容，希望提供滿足顧客期待的全新
  體驗（顧客服務管理師）
- 配合顧客的要求不斷開發新事業，但無法提出吸引人的提
  案（研究人員、技術人員）
- 想運用人本設計的方法，讓學生學會如何發想創意（大學
  教師）
- 擁有比其他公司更為優秀的關鍵知識，希望知道如何將其
  市場化（企業經營者）
- 想要推動能真正滿足市民對政府之期望的服務（地方政府
  職員）

上述這些想法，正代表面對社會大環境的變化，已經有人嘗試突破窠臼、找出新方向。其中，最具代表性的社會趨勢有：「產業結構變化」、「社會資通訊化」、「經濟危機與311」。接下來，我們將針對這三大趨勢進行說明。

2 產業結構變化：從製造業向服務業靠攏

跟1990年代相比，日本的產業結構已經產生了很大的變化。

在一級產業方面，由於農漁產品的進口增加與就業者的高齡化，導致經濟成長率欲振乏力。而二級產業也因為工廠外移到開發中國家，造成製造業空洞化，占GDP的產值大幅下滑。

相較之下，三級產業的GDP則持續大幅成長，服務業的業種也不斷擴大到各個領域，相關就業人數也不斷上升。1950年時，三級產業占整體產業僅僅36%，但到了2010年，占比已經上升到70%，至今仍不斷攀升（見圖表1.1）。

另外，觀察家庭消費內容在服務業上的支出變遷，1989年時僅占家庭消費的37%，到了2004年已經增加到46%[1]。由此可知，服務業在日本產業結構中已有了大幅成長。

❶ 出處：《全國消費者實態調查》，總務省，2007。

再進一步觀察製造業的中間投入類型（譯注：intermediate inputs，亦稱中間產品或中間消耗，指在生產活動中消耗的外購物質產品和對外支付的服務費用），服務業的占比也有很大的改變（見圖表1.2），從1980的19.6%上升到2004年的29.8%，足足成長了10%以上。這代表製造業本身，也漸漸往服務業的方向靠攏。

綜上所述，日本社會產業結構逐漸偏向以服務業為主，勞務型與知識、資訊密集型產業增加，企業內的相關部門也愈來愈多。這種現象似乎也象徵著企業或組織如果要滿足客戶需求，勢必得追求服務品質的提升。

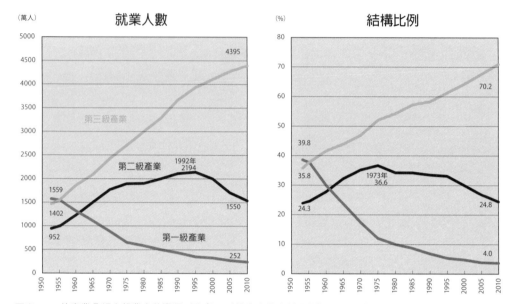

圖表1.1　依產業分類之就業人數變遷（出處：《社會實情資料圖錄》，2011）

3 資通訊普及，製造業思維難以展望未來

　　另一個產生巨大變化的是社會的資通訊化（ICT化[❷]）。

　　隨著電腦和行動裝置逐漸普及，網際網路和通訊網路的高度完備，各種資訊的無所不在，也引發了社會上種種變化。

　　這幾年來，大家對網路重要性的認知有了大幅改變，六成以上的民眾都認為網路很重要，且重要性已超越新聞[❸]。網際網路的運用除了高齡者以外，其他大部分世代的使用率都超過七成；以每戶來看的話，則不論收入差異，皆有六成以上的使用率。可見網路已成為現代生活中不可或缺的一部分，民眾對於資通訊的依賴度也漸漸提高。

　　放眼全世界，日本的資通訊基礎建設，無論跟世界任何一個國家相比，皆居領先地位。然而日本對於資通訊科技的利用與運用，在全球卻僅僅排行第十八名[❹]。

　　這樣的結果可能是受到日本過去傾全力發展二級產業、重視生產創造的集體意識與社會結構的影響。製造業和生產創造確實替日本帶來了戰後的高度經濟成長、支撐著日本產業的發展，但是隨著社會結構往服務業方向發展，不太可能只站在製造業的延長線上展望未來。

　　實際上在生活者的健康、醫療、教育、就業、生活、日常等

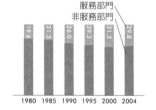

圖表1.2
服務部門占製造業中間投入之比例

（出處：《服務產業之革新與生產力提升報告》，經濟產業省，2007）

[❷] ICT，Information and Communication Technology的簡稱，指資通訊科技。

[❸] 出處：《資訊通信白皮書》，日本總務省，2011。

[❹] 出處：《ICT基礎建設之相關國際比較調查》，日本總務省，2011。

醫療、健康	教育、就業	生活、日常
配合健康狀況的最佳健康管理服務 69.9	因材施教、教學相長的教育服務 54.6	一站式搬家手續服務 77.2
因應病情的最佳醫療服務 75.8	線上教育入口網站服務 62.9	報稅資料等支援服務 74.7
事先約診服務 81.9	依照教育、認證提供就業支援服務 60.5	大型垃圾、廢棄物品的回收服務 81.7

圖表1.3　健康、醫療、教育、就業、生活、日常等方面運用資通訊科技的意願
（出處：《資訊通信白皮書》，總務省，2011）

方面，對於運用資通訊科技都表現得極為積極（見圖表1.3）。換句話説，現在的日本社會，正在蛻變為一個藉由資通訊科技來實現資訊服務的社會。

4 經濟危機與311

近年來，發生了大幅改變社會情勢的事件。一是金融危機與災害。雷曼兄弟危機之後的世界經濟變化，給整個世界帶來莫大衝擊，也為企業經營帶來變化。

再者，2011年3月11日發生的東日本大地震和福島第一核電廠的核災事故，不僅讓人們因此開始深思基礎建設和社會系統的意義，同時也開始期待企業能對民眾生活方式，和對社會應有的態度，具備先見和願景（Vision）。這可説是最大的衝擊，大大地改變了至此社會的趨勢，讓日本人感受到純粹延長、擴張既有社會系統的侷限及問題。

5 使用者體驗願景：提出對未來的美好想像

從事各種創意活動的人，面對這些巨大變化，並企圖因應時，勢必會尋求方法。這些人在過往也都運用過各種方法嘗試解決問題，因此現在也正摸索著不同於以往的創意方法。

本書所介紹的內容，便是為了讓這些人能帶著希望進行創意活動所發展出來、根據人本設計所建構的設計方法。這種設計方法的目的，並不是解決透過行銷手法等調查所發現的顯在問題之「問題解決型」設計法，而是希望提供給使用者真正期待的新體驗與經驗（Experience），當初開發的目的便是希望能提供給企業或組織運用。

現在的民眾要求的是可以感受到深植於根本需求的先見和願景（Vision）、嶄新的使用者感受和精彩的生活者體驗。這種企圖回應民眾根本要求、為從事創意活動的人所發想出來的方法，便是「使用者體驗願景設計」。

「使用者體驗願景設計」除了提供許多使用者精彩的體驗和經驗之外，也希望能同時實現創造者自己的商業利益。本書將探索使用者和顧客的根本價值和展望（Vision），透過產品、系統、服務，提供使用者嶄新的體驗和經驗，稱之為「體驗願景」（Experience Vision）＊，並致力於此觀念的提倡。

本書為活躍於各種不同專業領域的人以及企業和組織的開發現場，準備了簡明易懂又能快速上手的模板和應用案例，下一節將開始詳細說明。

＊ Vision與Insight

Vision與Insight都可翻成「洞察力」，在設計產業，以往較常聽到的也是Insight而非Vision。本書為何使用Vision一詞呢？

Insight主要是能理解或看見人與狀況的真相，而Vision則是除了有能力與智慧提出對未來的美好想像，也能思考、提出達成目標的規畫。由於本書要介紹的是提供使用者嶄新體驗和經驗的設計法，而非問題解決型設計法，或許因此使用Vision一詞。為避免混淆，中文版將Vision譯為願景而非洞察力，以強調Experience Vision是指對未來的提案能力。

1-2 人本設計

1 人本設計與易用性的意義

為了能彈性因應社會的迅速變化、讓企業得以持續生存，該從何處尋找創新的源頭？其中一種有效的方法，便是人本設計（HCD，Human Centered Design）。人本設計是指進行產品、系統或服務設計時，以使用者為核心的方法之總稱。

人本設計不斷重複以下四個步驟：①掌握問題，②釐清需求、擬定設計概念，③構思與設計解決方法，④評估並決定解決方法（國際標準ISO9241-210，見圖表1.4）。

根據④的評估結果，有可能必須再次回到設計上游工程，重新確認、設定問題，然後再進入第②、③、④步驟。

① 掌握問題（了解並明示使用狀況〔脈絡〕）

一開始需先針對目標產品、系統與服務，蒐集相關資訊，進行評估與驗證，分析並理解問題。

從人本設計的觀點來發現並擷取問題的方法有很多，例如問卷調查、訪談、影像日誌、觀察、易用性測試[5]、任務分析[6]、UD矩陣圖等。藉此獲取的使用者資訊分析法，有KJ法[7]與多變量解析法[8]。

② 釐清需求、擬定設計概念（釐清使用者與組織的需求事項）

掌握問題的內涵與結構後，接著要擬定設計概念。此時重點是必須讓解決問題的方向和目標明確化。設計概念的表現手法有故事化、情境化、圖示化等，運用流程圖或圖表來表現，也是有效的方法。要表現使用者和最終目標時，也可以運用人物誌（Persona）（參照第68頁）。

③ 構思設計解決方法（製作設計開發的解決方案）

用上述的設計概念為基礎，構思解決對象（產品、系統、服務問題）的創意。創意表現方式有草圖、模型，或是軟體設計上常用的紙上原型檢驗法（Paper Prototyping，參照第90頁）。

表現方法必須因應目的考量忠實度，初期階段僅需使用較不

❺ 使用者本位的系統性評估法，詳細內容請參考下列文獻：
- 《易用性測試》（ユーザビリティテスティング），黑須正明，共立出版，2003。
- 《實踐易用性測試》（実踐ユーザビリティテスティング），Carol M. Barnum著，黑須正明監譯，翔泳社，2007。

❻ 指解構使用者為達到其目的所採取的一連串行為、動作與順序，詳細記錄，以發現其中實體或認知上的需求。

❼ 文化人類學家川喜多二郎提出的問題解決法。將定性的資訊歸類合併的過程中，抓出問題，創造出解決方法。

❽ 對多變量行列之分析法。詳細內容請參考下列文獻：
- 《多變量解析法入門》，永田靖、棟近雅彥，科學社，2001。
- 《運用試算表之調查分析入門》（エクセルによる調査分析入門），井上勝雄，海文堂，2010。
- 《從試算表中學習多變量解析之用法》（エクセルで学ぶ多變量解析の使い方），井上勝雄，筑波出版會，2002。

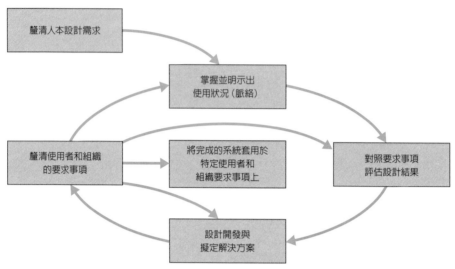

圖表1.4　人本設計的流程

花時間的簡單草圖或簡易模型。藉此，可以快速反覆發想創意、進行評估，提高設計解決方案的精確性。

4 **評估並決定解決方法**（對照要求事項評估設計結果）

　　對照設計概念與使用者目標，評估所構思的設計方案。可以運用確認清單[9]或檢驗法[10]等由專家進行評估，或是易用性測試與感官評估[11]等由實際使用者進行評估。

　　透過易用性測試可以讓使用者的評估定量化。國際標準ISO9241-11將易用性（Usability）定義為：「一個產品由特定使用者於特定使用狀況下，為了達成特定目標使用時之有效性、效率，以及使用者的滿意度。」

　　所謂的有效性是指「使用者在達成特定目標時之正確性及完成性」；效率是指「使用者達到目標時，在正確性及完成性上所耗費的資源」；滿意度是指「並未感覺不悦，對使用產品有著肯定態度」；使用狀況則是「使用者、業務、裝置（軟硬體與材料）以及產品使用時之實體與社會性的環境」。

　　這種易用性定義的脈絡，來自辦公室作業中的人因工程（Ergonomics，是研究人和機器、環境的相互作用及其合理結合，使設計的機器和環境系統適合人的生理及心理等特點，達到在生產中提高效率、安全、健康和舒適目的的一門科學）需求，因此設想對象以產品為主，但是也同樣適用於任何與使用者相關的產品、系統與服務。

[9] 將確認項目以清單列舉，通常會依照設計或評估的行動準則來訂定確認項目，由評估者檢查各項目的適合性。

[10] 由易用性專家進行的評估法。使用者不直接涉入評估，僅根據基本原則和經驗法則來獲取評估結果。詳細內容請參考下列文獻：
• 《使用者工學入門》（ユーザ工学入門），黑須正明、時津倫子、伊東昌子，共立出版，1999。
• 《易用性工程》（ユーザビリティエンジニアリング），樽本徹也，Ohmsha出版，2005。

[11] 運用人類的感覺器官進行評估。詳細內容請參考下列文獻：
• 《官能檢查入門》，佐藤信，日科技連出版社，1978。

換言之，易用性顯示了使用者為何者、處於何種環境與狀況下，要達到何種目標，以及產品、系統、服務如何幫助此目標之達成。如果能達到所期待的目標，即代表具有高度的有效性，而在過程中如果能節省更多的步驟或資源，即代表提升了效率。使用者在使用上感到舒適滿足，即代表滿意度提高。

比方說，假設設定了使用行動電話打電話給家人這個目標，便可以從易用性觀點來評估該設計是否有效、有效率，同時讓使用者感到滿意。

為了能有效且有組織地實現易用性高的產品、系統或服務，我們必須採用適當的設計開發步驟（流程）。在設計方法上，可透過反覆地進行設計師試作及實際的使用者評估，重複設計修改。在開發初期因尚無完成品，為進行實際使用者的評估，可利用模型或模擬的方式進行。

2 以行動電話為例，來看人本設計與易用性

Raku Raku Phone行動電話（見圖表1.5）是以高齡、不慣使用行動電話，以及視聽障礙等各種使用者為對象，所企畫、開發出來的產品[12]。在開發Raku Raku Phone的過程中，為了釐清問題所在，廠商藉由人本設計的開發流程，反覆進行使用者操作狀況的調查以及易用性評估，以求改善產品使用者介面與功能。

在「了解使用者與使用狀態」階段，首先針對設定的使用對象進行了問卷調查與訪談，以掌握使用者的需求，了解高齡者的身心特徵，並根據調查訪談所得資料進行捷思法*評估，最後終於掌握到幾點重要的使用者需求，例如能因應廣泛使用族群的簡明易懂操作方式、清晰的畫面顯示，及不單依賴視覺的語音功能等。

在「功能與設計開發」階段中，依據上一階段所得到的結論，將「親切」、「簡單」、「易視性」、「安心感」定為本開發案的四大關鍵詞，開始研究具體功能與設計。

產品易用性的主要開發重點為：①導入語音合成與語音辨識等獨特的語音功能，②讓不同使用族群皆感到易懂易視的使用者介面設計，③重視操作性與握取感的硬體設計，④考量可及性（指能就近獲得的便利性）。

在「評估、改善」階段，運用開發中期的產品原型與模型進行使用者評估，改進產品在功能與設計上的問題，同時融入企業的產品策略，決定最後產品的設計與易用性。

圖表1.5
Raku Raku Phone
（NTT DoCoMo公司）

[12] 《易用性手冊》（ユーザビリティハンドブック），易用性手冊編輯委員會著，共立出版，第244頁，2007。

＊捷思法（heuristic）

捷思法是一種尋求問題解決的程序，其方式為運用問題所提供的訊息，來找尋較為正確或可能的解題方法。

在尋求解決方法的過程中，除了在所有可能的解決方法中隨機嘗試，直到找到最終的答案之外，尚可依解題者（專家）的知識和經驗來運用問題中的訊息，以特定的方式尋求適當的解決途徑。這種運用知識經驗和問題中的訊息，以特定的方式（而不是嘗試所有可能方式）的解題方法，便稱為捷思法。

3 利用人物誌與劇本，凝聚團隊對使用者的想像

　　如果要以ISO9241-11的定義來評估易用性，前提是使用者在使用產品、系統、服務時已有明確目標。然而這只侷限於使用產品、系統、服務的部分情境，因為實際上許多使用者在使用產品、系統、服務時，未必抱持著明確目標。

　　此外，滿意度的觀點也不像表面那樣單純，產品、系統、服務的美感，以及使用者的主觀喜好、期待與感情變化等因素，都會影響到滿意度的評比。例如高級名牌產品的價值往往就不是好用與否決定的，使用者光是持有就能獲得高度的滿足感。

　　近年來，國際標準組織（ISO）致力於推動易用性的概念，對使用者經驗做出定義（ISO9241-210*）。這是一種將產品、系統、服務的使用體驗及感受視為整體的嘗試。如此一來，我們就必須更深入觀察了解是誰、在何種狀況下使用等特徵，這也是人本設計概念能夠發揮效果的地方。

　　比方說，在設計過程中有種導入「人物誌」的方法，是指非常具體詳細地定義出虛擬使用者的形象，包括姓名、年齡、性別、職業等個人屬性資訊，還有身材、認知、文化、性格、嗜好、技巧、知識等特徵，以及社會角色，甚至品牌喜好等。

　　開發團隊的每位成員對人物誌有了共識，便可以讓每個人心中想像的使用者形象差異減少到最小，有助於聚焦設計核心。而開發團隊成員如果從設定人物誌的階段就共同參與，更可以有效深化團隊成員對人物誌的共同認知。完成人物誌定義後，讓人物誌隨著產品開發的進展而進化，或配合產品開發過程運用人物誌來進行評估，可視為一種方法。

　　此外，劇本也是常見的設計開發手法。劇本是用來表現使用者使用產品、系統、服務的行動與狀況。參與開發的成員共享情境故事，可將各成員所設想的使用狀況之間的差距減少到最小，這一點和人物誌一樣，皆可達到設計聚焦的目的。

　　設定情境故事，不僅有助於了解產品、系統、服務，更具備了設計時的假設推論功能。比方說開發產品後，可以觀察使用者的使用行為是否與事先設定的劇本相符。如果發現兩者當中有差異，代表產品可能存在易用性的問題。

　　如同上述，人物誌和劇本與以往聚焦於開發產品的功能特色之規格表現相較之下，更能處理個人化使用者，也更有具體性和代表性。也就是說，這是一種與產品、系統、服務相關，重視使用者經驗的人本思維表現。

＊ISO 9241-210

根據國際標準組織頒布的ISO 9241-210規範，使用者經驗（User Experience, UX）是指一個人使用特定產品、系統或服務的相關行為、態度與情緒，包括實際、體驗、情感有意義、有價值的人機交流，以及產品所有權方面的問題。此外，它還包括系統方面，例如實用、易用性和效率。

使用者經驗是動態的。當使用者在接觸產品、系統、服務後，所產生的反應與變化，會隨著時間的推移而有所不同，包含使用者的認知、情緒、偏好、知覺、生理與心理、行為，涵蓋產品、系統、服務使用的前、中、後期（資料來源：維基百科）。

4 通用設計與人本設計

通用設計（Universal Design）是一種以使用者為中心的設計概念，其核心理念是「任何人都能公平使用」。由於產品、系統、服務的使用者有百百款，通用設計的假設前提是世界上沒有任何一個人跟其他人完全一模一樣。每個人的年齡、性別、人種、身材、體力、運動能力等都不一樣。通用設計的目標，是能讓多元的使用者都能夠使用。

通用設計的倡議者羅納德・麥斯（Ronald L. Mace）為通用設計制定了以下七大原則：

1. 公平使用：這種設計對任何使用者都不會造成傷害或使其受窘。
2. 彈性使用：這種設計涵蓋了廣泛的個人喜好及能力。
3. 簡易及直覺使用：不論使用者的經驗、知識、語言能力或集中力如何，這種設計的使用都很容易了解。
4. 明顯的資訊：不論周圍狀況或使用者感官能力如何，這種設計能有效地對使用者傳達必要的資訊。
5. 容許錯誤：這種設計將危險及因意外或不經意的動作所導致的不利後果降至最低。
6. 省力：這種設計可以有效、舒適及不費力地使用。
7. 適當的尺寸及空間供使用：不論使用者體型、姿勢或移動性如何，這種設計提供了適當的大小及空間供操作及使用。

其實在通用設計受到重視之前，世上就已經存在著「為使用者設計」的概念，也開發了諸多考量使用者之使用方便性的設計，但當時所謂的「使用者」其實是一種方便的抽象說法，設計開發者可以隨自己的喜好，任意改變其解釋。

隨著社會廣泛認識通用設計的理念，設計者開始關照到多樣使用者，且準備了對各種使用者適切的設計原則，並將其累積成資料庫。例如日本人因工程學會人因設計小組，即以通用設計的理念為基礎，歸納整理了人因工程的相關特徵，據此提出了UD矩陣圖法，作為研究考察通用設計的方法[13]。

通用設計雖然針對設計對象的產品、系統、服務應具備的特點提出明確的主張，但是要透過何種方式實現其目的，則並未提出具體方案。因此，上述的通用設計七大原則，用來評估產品具有一定的效果，但我們還是無法得知要用什麼方法或工具，才能夠有效地開發出符合這些原則的產品。

這時，人本設計便是一種有效的方法。因為人本設計是實現

[13] 《通用設計實踐行動準則》（ユニバーサルデザイン実践ガイドライン），共立出版，2003。

產品、系統、服務等各種方法的集大成，其以人為本的理念，也
與通用設計相通。

5 人本設計的類型：問題解決型與提案型

在產品、系統、服務的設計開發初期階段，人本設計的方法
可分成「問題解決型」與「提案型」兩大類別（見圖表1.6）。

問題解決型設計法，是以現實中面臨的問題為對象，試著
透過設計來解決現有問題，也經常用於解決明顯困擾使用者的問
題。例如走道因高低不平造成輪椅難以通行時，可以藉由鋪設滑
坡來解決。這種針對問題直接提出解決方案的方法，對使用者來
說接受度較高。

相較之下，提案型設計法，則多半用來解決對使用者尚不明
顯的潛在問題，有時也會因為技術進展帶來的新功能而獲得新靈
感。例如你可以這樣想：為什麼非得通過高低不平走道呢？從這
個觀點來思考新服務，就可以避免問題發生。換言之，這種方法
比起著眼於解決眼前可見的問題，更重視存在於背景的問題，透
過對背景加以設定，提出解決方案。

提案型設計法以創造出「有魅力的價值」這種超乎使用者期
待的價值為目標。

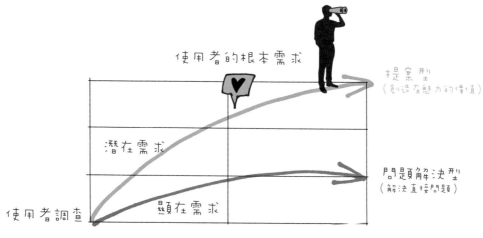

圖表1.6　問題解決型與提案型的概念差異

1-3 問題解決型設計法

1 什麼是問題解決型設計法

　　「問題解決型設計法」是一種評估既有產品、系統、服務，改善所發現之問題的方法。從人本設計的觀點看來，這種方法在處理操作性等易用性方面相當有效。

　　其流程是首先蒐集對象產品、系統、服務，進行評估、驗證，並且分析、理解問題。接著掌握問題的內容與架構後，擬定設計概念，釐清解決問題的方向與目的。最後依據設計概念，發想解決問題的點子並進行評估，開發出符合目的之設計。

2 問題解決型設計法的手法

　　以問題解決型設計法去實現通用設計理想的人本設計方法當中，有一種UD矩陣圖法（見圖表1.7）[14]。這種圖法可以幫助設計者有效找出使用產品、系統、服務時，通用設計之問題和必要事項。

⑭ 本文中的UD矩陣圖法說明，係根據《通用設計實踐行動準則》並進行部分潤飾補充。
UD矩陣圖法的格式及案例，可參考日本人因工程學會人因設計小組的網站（http：//www.ergo-design. org/）。

☐ UD矩陣圖的架構與使用方法

　　UD矩陣圖可在考量使用環境與使用情境下，從產品、系統、服務的☐操作性、☐有用性、☐魅力性三個評估層面，針對不同使用者族群進行討論。此三個層面分別顯現了下列通用設計原則：

①操作性（可以使用）
　　1.容易獲得資訊
　　2.容易理解
　　3.身心負擔小
　　4.安全
　　5.考慮到維護問題
②有用性（具有幫助）
　　1. 適當的價格
　　2. 環保

3. 功能

4. 效能

③魅力性（引人著迷）

1. 美觀

2. 使用起來愉快

3. 希望擁有

關於檢視通用設計的核心「操作性」，會形成各個產品、系統、服務之個別任務和使用者族群之UD矩陣圖。

UD矩陣圖的基本使用方法，是先在矩陣圖上的各列設定使用者族群、在各行設定產品、系統、服務三個評估層面以及個別任務，然後在各行列交叉方格中，寫出有關通用設計的各種問題和要求事項，具體流程如下：

個別任務：依照「基本任務」，製作對應各產品、系統、服務的「個別任務」。

使用者族群：參照使用者分布表，填寫各產品、系統、服務的「使用者族群」。

產品名稱		使用環境	使用情境	基本規格

產品的三個層面	UD原則	基本任務	個別任務	使用者族群（視覺功能、聽覺功能、運動功能、體格、認知功能、其他功能、人口統計特徵、文化、使用者以外）		
操作性（可以使用）	1. 容易取得資訊 2. 簡單易懂 3. 身心負擔小 4. 安全 5. 考慮到維護問題	準備 ↓ 開始作業 ↓ 獲取資訊 ↓ 認知、判斷、理解 ↓ 操作 ↓ 結束作業 ↓ 後續維護				
有用性（具有幫助）	1. 適當的價格 2. 環保 3. 功能 4. 效能					
魅力性（引人著迷）	1. 美觀 2. 使用起來愉快 3. 希望擁有					

個別要求事項：填入符合個別任務和使用者族群的「個別要求事項」。

圖表1.7　**UD矩陣圖**（根據《通用設計實踐行動準則》並進行部分潤飾增補　）

1. 先設想使用者面對目標產品、系統、服務時會採取的行動，檢視產品的使用環境、使用情境以及基本規格，填入表中。

2. 參考共有七個項目的「基本任務」（準備→開始作業→獲取資訊→認知、判斷、理解→操作，結束作業→後續維護），訂出對象產品、系統、服務的「個別任務」，填入表中。

3. 從研究各產品、系統、服務推定的幾種「使用者族群」，並將族群特徵填入圖內，填入表中。例如「需考量視覺問題的使用者」等。

4. 在矩陣圖各欄位中檢討並填入「問題」及「個別要求事項」。

5. 從填寫的UD矩陣圖中，設定通用設計的概念。能因應矩陣圖的所有要求事項解決問題固然最理想，但有時也需要對照專案條件，權衡問題和要求事項的比重。考量權重和處理的優先度，檢討通用設計的概念。

6. 根據通用設計的概念，檢討填入各欄位的問題及要求事項之解決對策。至於要根據各個問題點及要求事項來思考，或者想出可統括回應數個欄位的創意，則需根據設計概念及專案方針來研究。

② 活用使用者分類表

要活用UD矩陣圖來找出問題與使用者需求，必須先妥善設定使用者族群種類。《通用設計實踐行動準則》（見第29頁⓭）中有「使用者分類表」，可協助了解目標使用者的特徵，以群組方式整理使用者資料。

使用者分類表是根據通用設計應高度注意的使用者族群及其對象，逐個將考量因素整理為「資訊揭示」、「操作」、「尺寸、空間、方法」、「理解、判斷」等四個項目，並顯示了該問題以及設計對應範例。

③ UD矩陣圖的案例

下面以全自動洗衣機的UD矩陣圖案例（見圖表1.8），示範個別任務和使用者族群的填寫方法。每個矩陣中明確顯示了洗衣機操作按鍵和操作步驟、操作姿勢等具體要求事項，由此可見，UD矩陣圖讓設計者相當容易檢討需要進一步改善的概念和創意。

④ UD矩陣圖的效果

站在人本設計觀點的問題解決型設計法，在使用產品、系

產品名稱	全自動洗衣機	使用環境：無障礙公寓。設置於浴室旁的洗臉脫衣處。四口家庭。	使用情境：平日上午。以約7kg的標準行程洗淨。家中由母親一個人進行，洗淨中會看電視。	基本規格：噴流式。從洗淨到脫水皆為全自動。無乾燥功能。

產品的三個層面	UD原則	基本任務	個別任務	使用者族群（視覺功能、聽覺功能、運動功能、體格、認知功能、其他功能、人口統計特徵、文化、使用者以外）		
				不需要特別顧慮的使用者	「視覺」族群	「體格、姿勢、輪椅」族群
操作性（可以使用）	1.容易取得資訊 2.簡單易懂 3.身心負擔小 4.安全 5.考慮到維護問題	準備→開始作業→獲取資訊→認知、判斷、理解→操作→結束作業→後續維護	站在洗衣機前	・確保安全空間	・不需仰賴視覺也可知道正面位置 ・確保安全空間	・不同體格或者輪椅族皆可使用
			打開蓋子	・知道操作方法 ・沒有勉強的動作	・不需仰賴視覺也可知道開蓋方法	・無論何種身高、手臂、指甲長度皆可開蓋 ・不需呈現勉強姿勢、從輪椅上也可開蓋
			放進待洗衣物	・知道放入的地方 ・知道適當的量	・不需仰賴視覺也可知道位置和適當的量	・不需呈現勉強姿勢、從輪椅上也可容易放進待洗衣物
			投入洗衣劑	・知道洗衣劑的適量 ・知道投入位置 ・知道投入時機	・不需仰賴視當的也可知道洗衣劑的適量和投入位置、時間點	・不需呈現勉強姿勢、從輪椅上也可投入洗衣劑
			打開電源	・知道電源位置 ・知道操作方向 ・可確實操作、確認	・不需仰賴視覺也可知道電源位置和操作方向，可確實操作、確認	・無論何種身高、手臂、指甲長度皆可操作 ・不需呈現勉強姿勢、從輪椅上也可打開電源
			挑選洗衣行程	・知道哪些洗衣行程 ・可以挑選適當的洗衣行程 ・選錯了也可恢復原設定	・不需仰賴視覺也可知道有哪些洗衣行程，可挑選適當的洗衣行程 ・選錯了也可不仰賴視覺恢復原設定	・無論何種身高、手臂、指甲長度皆可操作 ・不需呈現勉強姿勢、從輪椅上也可挑選洗衣行程
			開始	・知道「開始」操作的位置 ・可確實執行開始操作 ・知道操作的反饋	・不需仰賴視覺也可知道「開始」操作的位置、確實執行開始操作 ・不需仰賴視覺也可知道操作的反饋	・無論何種身高、手臂、指甲長度皆可開始 ・不需呈現勉強姿勢、從輪椅上也可進行「開始」操作
			關上蓋子	・知道操作方法 ・沒有勉強的動作 ・忘記關上也沒關係	・不需仰賴視覺也可知道關蓋方法和忘記關蓋也沒關係	・無論何種身高、手臂、指甲長度皆可關蓋 ・不需呈現勉強姿勢、從輪椅上也可關蓋
			確認結束	・知道結束訊息 ・不在近處也能知道	・不需仰賴視覺也可知道結束訊息	・不需呈現勉強姿勢、從輪椅上也可確認結束
			取出洗完衣物	・沒有勉強的動作	・不需仰賴視覺也可知道洗完衣物的位置、可確認有無未取出的衣物	・無論何種身高、手臂、指甲長度皆可取出洗完衣物 ・不需呈現勉強姿勢、從輪椅上也可取出洗完衣物
			關閉電源	・知道電源位置 ・知道操作方向 ・可確實操作、確認	・不需仰賴視覺也可知道電源位置和操作方向，可確實操作、確認	・無論何種身高、手臂、指甲長度皆可操作 ・不需呈現勉強姿勢、從輪椅上也可關閉電源
			清洗洗衣機	・知道髒污 ・可輕易擦拭 ・可安全清潔	・不需仰賴視覺也可知道髒污，可適當擦拭、安全清潔	・無論何種身高、手臂、指甲長度皆可清洗
有用性（具有幫助）	1.適當的價格 2.環保 3.功能 4.效能			・不會比一般洗衣機價格高 ・不會比一般洗衣機耗電多 ・不會比一般洗衣機使用難以回收的材料 ・有對應多元需求的多重功能（冗餘性） ・性能不會比一般洗衣機差		
魅力性（引人著迷）	1.美觀 2.使用起來愉快 3.希望擁有			・與一般洗衣機相較依然相當美觀 ・取得性／易用性功能與使用洗衣機的樂趣相關 ・由於取得性／易用性功能，讓人想持有、喜愛		

圖表1.8　**UD矩陣圖的範例**（根據《通用設計實踐行動準則》並進行部分潤飾增補）

統、服務時發現、定義多元使用者所有的問題非常重要。

UD矩陣圖可以從個別任務和使用者族群的矩陣進行較綿密仔細的問題和要求事項檢討。此外，整理過問題和要求事項後，較容易決定解決時的優先順序。製作出的UD矩陣圖可以運用在設計概念的檢討和具體創意發想上。

充分活用UD矩陣圖後，可能有以下的效果：

1. 光看矩陣圖就可以掌握通用設計的整體樣貌。
2. 可運用來決定要求事項的優先順序，容易掌握概念。
3. 容易辨識解決問題的線索。
4. 可運用必要的資料庫。
5. 容易仔細檢查、避免疏漏。
6. 容易運用於產品、系統、服務的個別案例。
7. 若為新產品、系統、服務，也可運用於檢討新用法和新功能上。

3 問題解決型設計法的範例

下面以網頁改善的實例，來幫助你理解問題解決型設計法。在這裡所顯示的是一個具有日英、英日線上字典網站的操作性問題案例（見圖表1.9）。

圖表1.9　ALC公司網站（左：改善前、右：改善後）

改善前的網頁如左圖所示，使用者首先必須鍵入想查詢的字詞，然後選擇「英日」或「日英」按鍵，再按下「搜尋」鍵才能進行查詢。不過，頁面打開時預設的選項為「英日」，因此當使用者想使用日英字典時，就增加了一個選擇字典種類的步驟。此外，假如選錯字典，還會出現錯誤訊息。

右圖則是改善後的畫面，去掉了字典選項，不管輸入的是英文還是日文，只需按下「英日、日英」鍵，便能顯示適切的查詢結果。

右圖也修正了開啟網頁時的游標預設位置。改善前的網頁必須先以滑鼠點選查詢輸入欄位，再從鍵盤鍵入想查詢的字詞，如果不小心忘了點選，即使鍵入也無法輸入文字，必須從頭來過。改善後的網頁中，網頁一打開，游標就已經預設停留在輸入欄位，讓使用者可以馬上輸入文字。

透過這些改善措施，可以減少使用者的操作失敗，不需太在意操作面，而能更專注於活用網站的字典功能。

另一個廣為人知的問題解決型設計法的通用設計案例，是「洗髮精容器側面的凹凸紋」（見圖表1.10）。

圖表1.10　洗髮精與潤絲精的容器（花王）

由於同品牌的洗髮精和潤絲精容器，通常造型相同，視障者往往難以區別。針對這個問題，設計師試圖透過觸感來解決：在洗髮精容器的側面加上凸紋。這種做法除了方便視障者，對一般洗髮中無法睜開雙眼的使用者也很方便，是一種對許多不同使用者族群而言，都相當方便的通用設計。

4 問題解決型設計法的優、缺點

問題解決型設計法的優點在於改善對象的設計已經存在，因此使用者的經驗明確，容易找出問題，進行問題解決的設計時比較簡單點。因此，從人本設計觀點進行設計時，可以先從問題解決型設計法著手。

然而如果要提出可回應使用者根本需求，或具備前所未有新價值和魅力的產品、系統、服務時，問題解決型設計法就比較難派上用場，這時候就需要接下來1-4所介紹的「提案型設計法」。

1-4 提案型設計法

1 什麼是提案型設計法

提案型設計法是提出前所未有產品、系統、服務時經常用上的設計方法。其設計對象的產品、系統、服務尚未問世，或是設計目的並非直接解決既有問題，而是想釐清問題的根本時，可運用來創造新價值。

提案型設計法多半是從各種調查和日常生活中的發現，刺激出「如果有這種產品一定很棒」，或是「如果有這種東西一定很方便」等關於產品、系統、服務的新創意，之後再針對這個創意的可行性進行驗證分析。

這類新創意的出發點並非釐清問題本質、以問題本質為創意起點，也不是從新技術出發，或者從特定問題出發，有時可能來自日常生活或工作中的靈感。不管創意起點為何，透過創意的可視化、評估等驗證過程，可以催生出新的產品、系統、服務。

2 提案型設計法的範例

① 不受當下技術侷限的個人電腦概念Dynabook

個人電腦之父艾倫・凱（Alan Kay）在1972年提出了理想的個人電腦產品概念Dynabook（見圖表1.11）。這種構想完全不受當時既有技術的侷限，而是從「使用者的理想產品」出發，提出個人電腦的未來願景。

艾倫・凱認為理想的個人電腦，在硬體方面應該是單手就可拿取的A4尺寸大小、搭載圖形使用者介面（GUI, Graphical user interface），除了文書處理之外，應該也要可以處理影像與音樂，同時價格低廉，連孩童也有能力購買。

艾倫・凱所提出的願景，後來成為個人電腦開發、進化的指標。特別是圖形使用者介面，後來蘋果電腦和微軟都將之落實，成為堪稱全球個人電腦標準的使用者介面。而單手就可拿取的A4尺寸機體，如今也已經在筆記型電腦和平板裝置上實現。

圖表1.11　**Dynabook**

圖表1.12　知識領航員影片一景

② 蘋果公司的知識領航員（Knowledge Navigator）

　　蘋果電腦公司在1987年以影片發布「知識領航員」這個產品概念（見圖表1.12），展示其理想中的個人電腦型態，這項概念是站在人本觀點，假想一個網路發達的社會將會如何帶給使用者價值，來提出新願景。

　　產品概念中提出了超越圖形使用者介面層次的語音認知、語音合成、觸控面板、數位助理（agent）等嶄新的使用者介面，並提倡活用網路、運用世界各地資訊的樣貌。

　　影片裡所提倡的願景，給日後的個人裝置產品策略開發方向帶來了重大影響。蘋果電腦的iPad可說是具體實現知識領航員的代表性產品（編按，在YouTube輸入Knowledge Navigator即可觀看這部約六分鐘長的影片）。

③ 先行概念車

　　在世界主要車展上，經常可以看見各大車廠推出先行概念車（Advanced Car），展現對未來汽車發展的願景（見圖表1.13）。透過公開具體概念車模型及其假想的使用情境，勾勒出未來人類、汽車與社會之間的互動關係，展示廠商對未來的想像。

　　透過展示先行概念車，這些車廠可蒐集到許多意見，讓這些意見成為擬定下一代產品策略的參考。比方說，最近經常可以見到以環保設計為基礎、提升汽車的智能化，或者將汽車視為生活或室內裝潢一部分等嶄新樂趣和便利性的提案。

圖表1.13　先行概念車範例（BMW）

4 藍海策略

藍海策略（Blue Ocean Strategy）是由金偉燦（W. Chan Kim）與芮妮‧莫伯尼（Renée Mauborgne）所提倡，是一種提出新願景的經營策略理論。此理論主張企業應該開拓尚未被開發、沒有競爭對手的市場「藍海」（Blue Ocean，無人競爭的領域）。為了達到這個目的，必須推動「價值創新」來提升企業和顧客的價值。

5 設計思考

設計思考是美國知名設計公司IDEO所倡導的方法，可將設計活用於各種領域（見圖表1.14）。例如運用設計師的感性及方法，銜接人的需求和技術力量。或者可以在現實的企業經營策略中導入設計師的感性與方法，創造出符合民眾需要的顧客價值與市場機會。

圖表1.14　設計思考案例

例如美國銀行（Bank of America）便透過觀察顧客行為，發現顧客追求的根本價值，於2005年推出了Keep The Change（找零）服務，因此獲得大量新客戶，就是一個知名的設計思考案例。

這個系統具體來說，就是當客戶以簽帳卡購物時，會將未滿一美元的尾數補足成一美元，自動存入簽帳卡帳戶。

3 提案型設計法有三種

我們可以將提案型設計法，整理歸納為「以市場分析為主的提案型設計法」、「從經驗與感性出發的提案型設計法」、「以人為本的提案型設計法」這三大類。以下將說明這三種類型的設計方法及案例。

1 以市場分析為主的提案型設計法

這是透過市場分析，製作技術發展藍圖、進行審視，以提示未來產品、系統、服務設計的方法。

以市場分析為主的提案型設計法，步驟上首先以邏輯性調查和分析來勾勒出未來的技術發展藍圖，接著依序將該藍圖的生活型態情境化，根據情境推展創意靈感，再把創意可視化、模型化，然後進行模型的設計評估，最後將先行設計規格化。

比方說開發平板裝置時，首先要描繪出CPU、記憶體、硬碟等主要產品構成要素的技術發展藍圖，然後再以該發展藍圖為基礎，擬定產品企畫。

2 從經驗與感性出發的提案型設計法

這種方法是從經驗、感性出發，可以直覺孕育出前所未有產品或不侷限於既有設計的新設計。

從經驗與感性出發的提案型設計法，在設計流程上，首先由設計師與技術人員透過觀察等方式蒐集設計資訊，從獲得的資訊和自己的發現中尋找靈感、發展創意，再將創意可視化、模型化，接著評估模型，然後決定設計方針，擬定出先行設計的規格。

圖表1.15
從經驗與感性發想出來的提案型設計法案例（戴森公司）

例如英國知名家電廠商戴森（Dyson）的「涼暖氣流倍增器」（Air Multiplier Hot and Cool，見圖表1.15），這項產品的誕生，便源自該公司過去研究直立式烘手機Airblade技術時，技術人員發想出將該技術應用到其他用途的可能性，而發展出名為「氣流倍增器」的新技術，成功地將沒有旋轉扇葉和外露熱源的暖氣機產品化。

3 以人為本的提案型設計法

指設計者與使用者共同合作，提出未來產品、系統、服務設計的過程，又稱為「人本設計」或「使用者參與型設計」，是一種使用者積極參與設計的方法。

圖表1.16
提案型設計法的服務範例（CUUSOO SYSTEM公司）

以人為本的提案型設計法，其設計過程為設計者與使用者一起蒐集設計資訊，推展創意發想，接著將創意可視化與模型化，進行評估，最後決定設計方針。

例如「空想生活」這個網站便實踐了使用者參與型設計，透過網際網路蒐集使用者意見，同時進行產品的企畫和設計（見圖表1.16）。

由於體認到人本設計勢必在今後的創新中占有重要地位，本書將以「以人為本的提案型設計法」為基幹，說明提案型設計的方法及其運用，稱之為「使用者體驗願景設計」。

2 方法
METHOD

使用者體驗願景設計的創新手法

第二部將說明使用者體驗願景設計的具體步驟，
包括從設定專案的目標開始，考量使用者與企業雙方的觀點，
製作三種劇本，經過劇本的可視化及評估之後，
著手撰寫企畫提案書、製作規格書等一連串的流程。

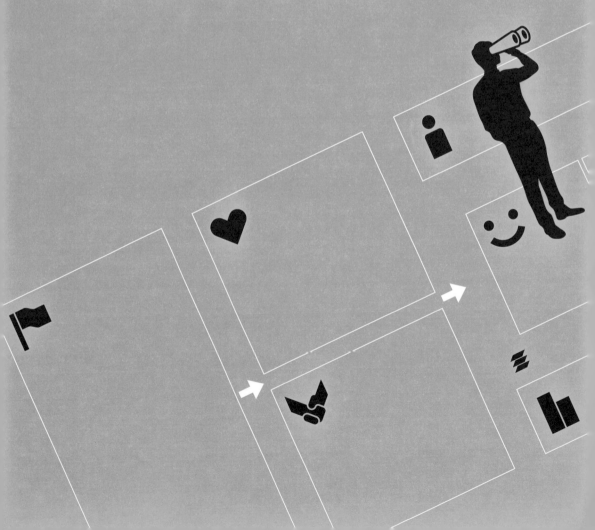

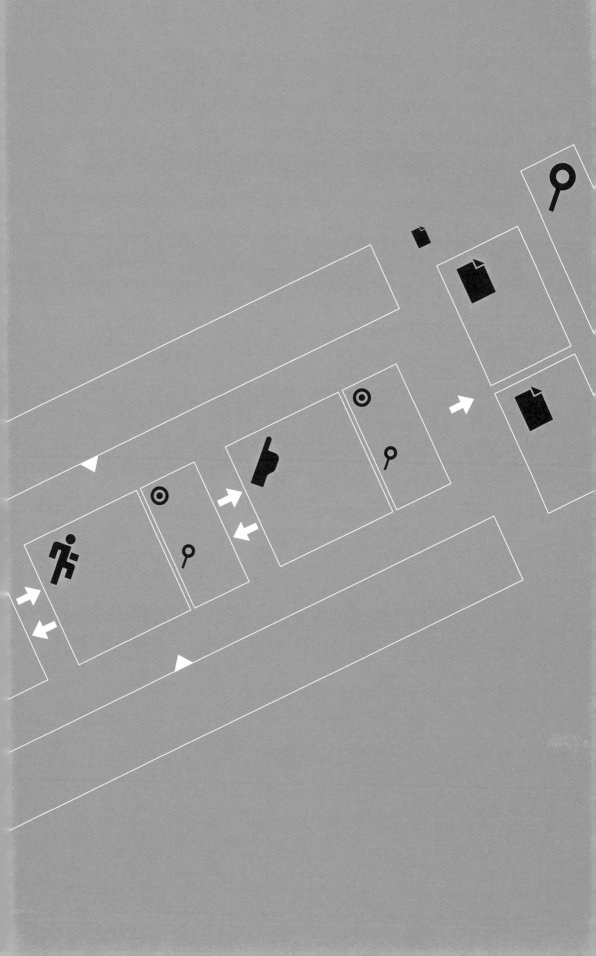

 # 2-1 何謂使用者體驗願景設計

在這一節中,我們將介紹使用者體驗願景設計的背景、概要及基本方法。此外,也將提示本方法的架構,並解說其構成因素。

1 使用者體驗願景設計的產生背景

1 問題解決型設計法的局限

近年來,除了解決既有產品的問題,針對全新的產品、系統、服務進行提案,也愈來愈重要了。有別於以往主要著眼於解決個別產品問題的設計方法,現在考量到通用設計及人本設計的理念,並將提案範圍擴大至服務的設計方法,可說是備受矚目。

2 以服務設計為對象之手法

從服務的附加價值金額,以及服務相關從業人數等統計資料中,也可看出服務領域的重要性正日漸升高;然而,服務領域的設計方法卻尚未確立,以往設計產品、系統、服務的手法有時也無法因應。因此,企業必須找出一種設計方法,讓服務設計變得有魅力且有效率。

3 為體驗與經驗打造的設計方法

當今的時代,比起產品價值,體驗與經驗(Experience)的價值更為重要。這種考量到整體使用者經驗的方法,一般稱為「使用者經驗設計」,是一種以時間軸、環境軸以及人本軸為基礎,進行全面性的使用者經驗之設計的方法。但是使用者經驗的設計方法還說不上已完全確立,因此大家都很期待一種可以從全面性觀點來考量使用者經驗的設計方法。

4 如何因應資通訊技術的進化

近年來,由於資通訊業的技術發展日新月異,也需要有能因應此變化來提案新願景的方法。具代表性的最新資通訊技術有:普及運算(Ubiquitous computing)、雲端運算(Cloud

＊服務科學（Service Science）

最早由IBM公司提出，是指以客觀的研究方法論，針對服務主體——包括服務提供者（Provider）與服務消費者（Consumer）二者，在服務體驗過程中產出的所有相關議題，進行管理學與工程學的研究論述，故又被總稱為「服務科學，管理學與工程學」（Service Science, Management and Engineering, SSME）。

服務科學以無形的服務作為基本研究對象，但並非將研究範圍局限在服務業，任何產業都會有服務行為產生。其基本目標在於研究服務需求與服務創新，透過服務設計讓服務變得更有效率，進而將服務標準化為基礎，尋求創新的服務型態（資料來源：維基百科）。

computing）、服務科學＊（Service Science）等技術。

「普及運算」是一種將電腦融入人類生活環境，讓使用者無須意識到電腦即可享受利用的環境。

「雲端運算」則是以網路為基礎來運用電腦的型態，使用者透過網路進行電腦處理、利用服務。例如，以往使用者在使用電腦時，電腦硬體以及軟體、檔案皆為自己所有，但導入雲端運算後，使用者可在網路上享受這些服務。

5 **提出人本願景的方法**

願景提案的方法很多，但很少有方法是以使用者為中心、根據人本思維來提案的。到目前為止，人本設計的方法多以如何解決使用方便性的問題為主要著眼點，有時難以用來進行願景提案。另外，關於願景提案的方法，也很少有從開發的上游工程到下游工程，都能全面含括的具體方法，一套具體實施的方法，可說備受期待。

2 使用者體驗願景設計的概要

使用者體驗願景設計是一種考量到上述背景，因應服務設計、使用者的全面性經驗，以及資通訊技術的日新月異，「可提出前所未有的新產品、系統、服務，或是針對既有產品、系統、服務，站在人本觀點提出新提案的手法」。

使用者體驗願景設計可應用的領域及對象有兩類，一是「欲創造出前所未有的產品、系統、服務」，一是「替既有的產品、系統、服務創造新價值」。

如果想要「解決既有產品、系統、服務的問題」，那麼採用問題解決型設計法或許比較適當。另外，也可以在設計初期階段以使用者體驗願景設計為基礎，同時活用問題解決型設計法來實現。

使用者體驗願景設計可期待的效果，有以下五點：
①開發前所未有的新產品、系統、服務。
②可發掘、活用能成為新世代競爭力來源的顧客價值。
③從理想願景開始發想，可提高開發速度並削減成本。
④開發出受顧客喜愛的產品、系統、服務。
⑤以新世代為對象所提出的事業活動方針更加明確，有助於企業經營。

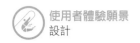
3 使用者體驗願景設計的基本方法

⒈ 始於使用者的根本需求

市面上既有的設計方法，多半從解決現狀的問題為出發點。那是因為只聚焦於使用者認為產品、系統、服務有問題的部分。但這麼一來就無法找出使用者沒有意識到的潛在問題，或是挖掘出前所未有的新產品、系統、服務的創意。

此外，以往的使用者調查或使用者觀察方法，多半用於找出使用者對現狀的不滿或問題。如果希望找出使用者對尚不存在的產品、系統、服務之根本需求，就必須改良這些方法，或是創造出新的方法。

從滿足顧客的觀點來看，解決問題等於「理所當然的價值」，無法讓使用者獲得滿足。只有從使用者的根本需求開始的設計方法，才能創造出對使用者來說「具有魅力的價值」。

⒉ 從上層的價值及服務來發想

「問題解決型設計法」多半是從下層等級（使用者眼前的事物現象）來進行發想，而「使用者體驗願景設計」則從上層等級開始發想。所謂上層等級是指使用者及事業的根本價值，也就是思考能提供具備何種價值的服務之觀點。

比方說，設計一套讓高齡者方便使用的售票機固然重要，但如果能改變想法，設計出類似SUICA（譯注：日本的儲值型交通票卡，類似悠遊卡，俗稱西瓜卡）的系統，就是從根本考量到了真正讓高齡者方便好用的機制。

⒊ 將使用者的根本需求，從需求規格一貫反映到系統規格上

以往的設計方法即使知道使用者的根本需求，往往也無法將其反映到最後的產品、系統、服務中。主要原因之一在於並沒有一套標準記述方法可以描述使用者的根本需求。而本書介紹的方法從開發上游工程到下游工程，運用劇本的方式讓所有人皆能了解使用者的根本需求，因此從需求規格到系統規格皆能有統一的表現。

⒋ 促進不同領域專家之間的合作

人本設計將不同領域專家間的合作，視為原則之一。本書介紹的方法特別強調應促進商務專家與使用者專家間的跨領域合作。為使跨領域合作順利，讓所有人都能理解的「劇本可視化和共享」，將是專案成敗的關鍵。

5　不忘從上層等級，經常傾聽使用者的聲音

　　人本思維的原則之一是「隨時傾聽使用者的聲音」。本書介紹的方法秉持「不忘從上層等級經常傾聽使用者的聲音」，以避免在推動企畫開發時，偏離了新發想或使用者根本需求。

4 「體驗願景型」VS.「問題解決型」設計法

　　圖表2.1是將體驗願景型與問題解決型設計法的基本設計流程，比較後以圖表顯示的結果。

　　在這張設計流程圖裡，橫軸表示過程的進程，縱軸則代表使用者經驗的類別。而經驗又可從其觀點的高低，分成價值（使用者的根本需求）、活動（使用者想做的事）、操作（使用者想操作的事）、事實（實際上與使用者間的對話）等項目。圖表中問題解決型以黑線表示，使用者體驗願景設計則以橘色線條表示。

　　「問題解決型設計法」是先設定好可解決問題的專案目標後，進行使用者定量調查。接下來掌握使用者需求及課題，了解問題所在。然後根據問題提出解決方案，經過使用者評估後，進行最後產品、系統、服務的開發。

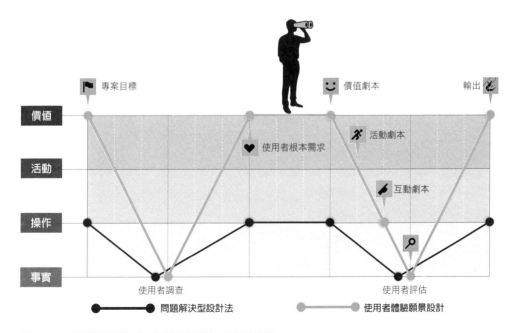

圖表2.1　「問題解決型」與「體驗願景型」的設計流程

　　而「使用者體驗願景設計」則不同，設定好提案願景的專案目標後，實施使用者定性調查。找出使用者的根本需求後，則進行提案願景的發想。站在使用者根本需求的觀點，依據價值劇本、活動劇本、互動劇本，讓提案更具體化、精緻化。之後經過針對提案的評估後，進入最後產品、系統、服務的開發。

5 使用者體驗願景設計的架構

　　圖表2.2是使用者體驗願景設計的架構。

　　在本架構中，將「專案目標」、「使用者根本需求」及「事業活動方針」明確化，乃首要之務。

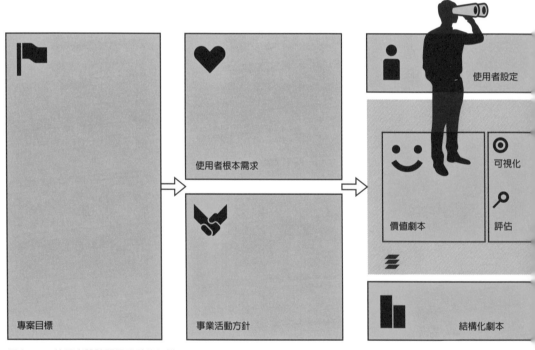

圖表2.2　使用者體驗願景設計的架構圖

接著以「使用者設定」及「事業設定」，製作「價值劇本」、「活動劇本」及「互動劇本」三種劇本。在製作各個劇本時，「可視化」以及「評估」都是不可或缺的過程。

之後再活用「結構化劇本」（即經過可視化及評估的三種劇本），製作「企畫提案書」（使用者要求規格及事業企畫），進行「綜合評估」。經過此評估後，整理成最後的「產品、系統、服務規格書」。

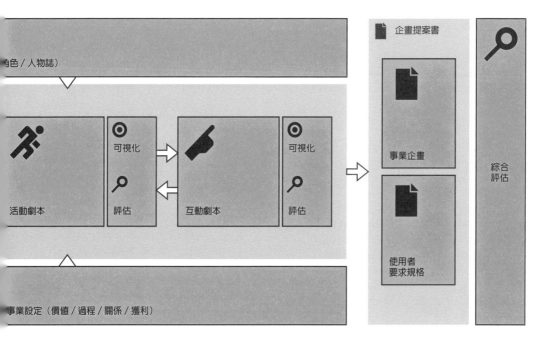

1 專案目標

首先是為提案願景定義出明確的專案目標。

具體來說,可從「使用者觀點」和「事業觀點」考量其不同目標。

使用者觀點的目標是讓「誰?何時?在哪裡?進行何種體驗?」明確化;而事業觀點的目標則應考量「企業品牌及事業的定位為何?在市場上的定位如何?」等。

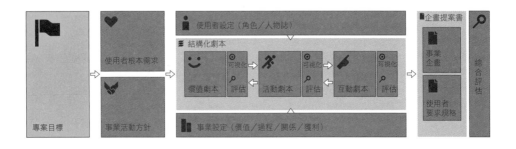

2 使用者根本需求與事業活動方針

接下來是明確定義出「使用者根本需求」以及「事業活動方針」。

檢討具體劇本之前,須分別站在使用者觀點和事業觀點的角度,探索其根本的重要關鍵,加以可視化、進行設定。

要找出使用者根本需求,其方法有「質性研究*」及「內省式手法」。具體手法有觀察調查、脈絡調查、深度訪談、圖片故事法、影像日誌法等(參考第60頁)。

釐清事業活動方針,必須再次確認企業領域,以及企業方針*、事業部門方針等,定義出最適合各個專案的方針。

*質性研究

或稱定性研究、質化研究,是一種在社會學及教育學領域經常使用的研究方法,通常是相對定量研究而言。定性研究者的目的是更深入了解人類行為及其理由。

質性研究調查人類決策制定的理由和方法,而不只是人做出什麼決定、在何時何處做出決定而已。因此,相對於定量研究,質性研究專注於更小但更集中的樣本,產生關於特定研究個案的資訊或知識。

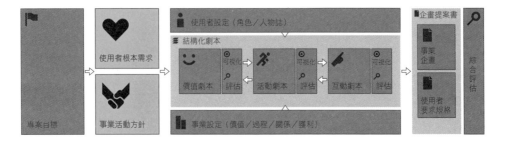

3 使用者設定

為了擴大發想空間,創造出新的提案,必須階段性地明確設定目標使用者。

＊企業方針
（Enterprise Policy）

企業方針是指導企業一切行為的總則，它決定了企業建立策略目標、選擇策略方案和實施策略方案的框架結構，也是協調企業中的各單位各部門之間的關係和溝通訊息的主要依據。（資料來源：MBA智庫百科）

具體來說，首先必須根據專案目標記載目標使用者，之後再依據「使用者與利害關係人＊的清單設定」、「角色設定」、「人物誌設定」等順序，讓目標使用者的形象更清楚。此外，還要讓各階段的目標使用者設定，能與各劇本連動。

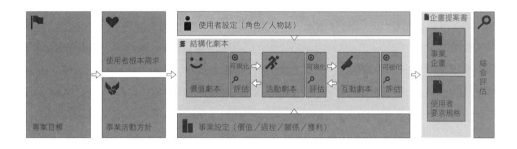

④ 事業設定

依照階段明確設定事業相關資訊或規格。具體來說，應根據專案目標記載大致的事業資訊，再定義事業活動方針，進行事業設定的精緻化。並且讓各事業相關資訊與各劇本連動。

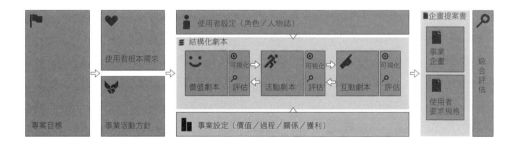

＊利害關係人
（Stakeholders）

一個專案除了其團隊成員外，「能影響專案」或是「被專案影響」的人，都可能左右專案的成敗，這些人都被稱為「利害關係人」。

一個專案相關的利害關係人，他們之間的需求往往相距甚遠、甚至相互衝突，就像某樣產品或服務，其使用者的利益跟企業的利益，就不可能完全一致。專案的管理者必須設法平衡這些需求。

⑤ 結構化劇本

結構化劇本分成三個階層來撰寫，是一種可以促進提案之產品、服務、系統的有效性和效率，創造出使用者高滿意度的點子，最後記載前所未有新產品、服務、系統的工具。

具體來說，在價值劇本、活動劇本、互動劇本這三階層上，應區分記載內容。價值劇本分為記載對使用者而言的價值之「使用者價值劇本」以及記載對事業而言的價值之「事業價值劇本」。活動劇本記載活動整體流程和使用者的情緒變化。互動劇本主要描寫使用者朝向目標之具體活動。在各個階段需重複進行劇本內容的可視化評估。

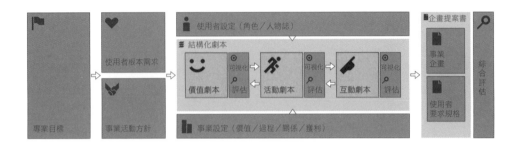

6 可視化（模型及商業模式）

　　為了讓以文字敘述表現的劇本更好懂，我們可採取一些手法，讓劇本可視化。例如表現使用者觀點可用模型方式，表現事業觀點可用商業模式方式。透過可視化，專案成員可共享具體意象，進行發想以及評估。

　　使用者觀點可從速寫開始，透過製作紙模等方式，將硬體或軟體等設計對象，以立體、實際尺寸的形式製作簡易模型，方便目視確認。為了更容易理解使用者如何體驗，最好進行行動化調查（acting out）或製作使用示意影像。此外，製作簡易可動模型（hot mock-up）（參照第96頁）來表現出新型操作方式或者前所未有的介面，也是種有效的方法。

　　另一方面，要表現事業觀點，可運用建立商業模式這種將事業可視化的手法。所謂的商業模式是指「將獲利機制加以模式化」。將結構化劇本可視化時，可運用價值模式圖、流程模式圖、關係模式圖及獲利模式圖等。

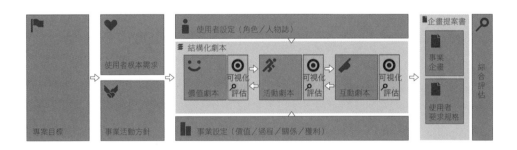

7 **評估**

　　在各個劇本的階段，須針對是否達成所設定的專案目標進行評估。評估對象為將價值劇本、活動劇本、互動劇本分別進行可視化後的內容。

　　評估觀點與專案目標相同，分別從使用者觀點和事業觀點來進行。而評估手法可運用專家確認清單或使用者評估等手法。

　　站在使用者的觀點評估時，為了讓使用者更容易理解劇本表現，有在劇本中加入照片或草圖等方法。此外，如果有將提案製作成可視化的模型，將可獲得更接近實際狀況的評估結果。

　　事業觀點的評估方式則採捷思法評估所提案的商業模式。商業模式評估的方法有投資組合分析（portfolio analysis）、SWOT分析❶、經營分析等。

❶ 一種定性分析架構，指從組織內部的優勢（Strength）、弱點（Weakness），和組織外部的機會（Opportunity）、威脅（Threat）等四個層面，來進行評估的手法。

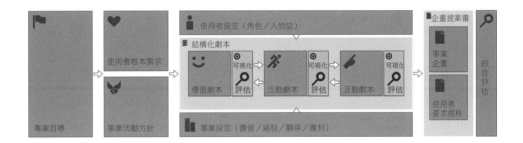

8 **企畫提案書**

　　運用經過可視化及評估的結構化劇本，在企畫提案書中記載「使用者要求規格」及「事業企畫」。

　　用來表現使用者觀點的「使用者要求規格」，是指活用結構化劇本，釐清使用者需求，整理為產品、系統、服務的必備規格內容。而站在事業觀點的「事業企畫」，則是在考量使用者需求的前提下，檢討商業模式後之事業規格。

　　此外，也需進行企畫提案書內容的綜合評估。

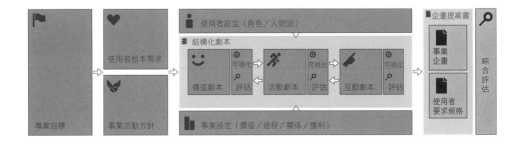

⑨ 產品、系統及服務的規格書

以導出的需求規格為基礎，製作開發產品、系統、服務的規格書。在此規格化的過程中，必須從硬體、軟體（使用者介面）以及人（人力支援及服務）等三個角度，重新檢視設計、開發的對象，進一步進行規格化。

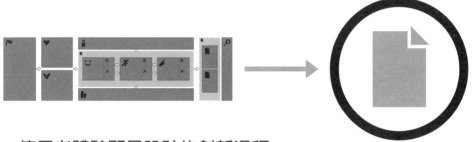

6 使用者體驗願景設計的創新過程

使用者體驗願景設計的創新過程，如同架構圖所示，是由以下各階段所構成的。

① 訂定明確目標的階段

設定提案願景的「專案目標」。在此階段如果目標不夠明確，或是設定了偏向問題解決型設計法（參照第31頁）的目標，就難以提出願景。

② 釐清要求的階段

企畫實施使用者調查，找出使用者真正追求的價值，釐清「使用者根本需求」，並調查、檢討商業資訊，設定「事業活動方針」。

③ 設定使用者與事業的階段

指從「使用者根本需求」進行「使用者設定」；同樣的，也從「事業活動方針」進行「事業設定」。在這個階段使用者設定跟事業設定都僅進行概要性的設定。在接下來的設定三個劇本的階段，再近一步將之具體化、精緻化。

④ 設定價值劇本的階段

以「使用者根本需求」、「使用者設定」以及「事業活動方針」、「事業設定」這四個要素為基礎，來製作「使用者的價值劇本」和「事業的價值劇本」。將價值劇本可視化、進行評估，以確定其內容。

5 **設定活動劇本的階段**

以價值劇本為基礎，來設定多個重要情境，將使用者在各個情境中的行為製作成活動劇本。

活動劇本是依照各個不同情境來製作，因此將有多個劇本。在此階段中的「使用者設定」，須以人物誌方式等，具體設定出使用者；而「事業設定」也須考量價值劇本來設定具體內容。

接著將活動劇本可視化、進行評估，以確定其內容。

6 **設定互動劇本的階段**

以活動劇本為基礎，設定多個重要任務，將各個任務中進行何種操作記載為互動劇本。互動劇本是依據各個不同任務來製作，因此將有多個劇本。

接著將互動劇本可視化、進行評估，以確定其內容。

7 **製作企畫提案書的階段**

根據使用者設定、事業設定以及價值、活動、互動三個劇本，記載企畫提案書的要素「使用者要求規格」以及「事業企畫」。

在此階段要進行綜合評估，以確定企畫提案書的內容。

8 **製作產品、系統、服務規格書的階段**

根據企畫提案書，考量具體技術條件及事業條件，製作「產品規格書」、「系統規格書」與「服務規格書」。

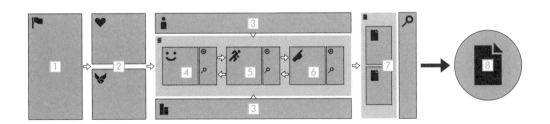

2-2 專案目標

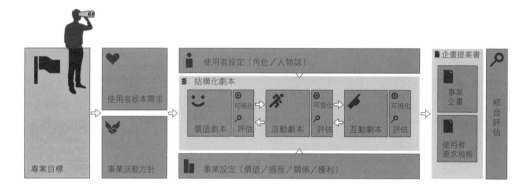

使用者體驗願景設計中,重要的是一開始便設定願景提案的目標,而非以往問題解決型專案的目標。以下將針對專案的目標設定概要、基本資訊、目的、活動內容、行程、小組以及小組成員、預算及預算計畫等進行說明。

1 何謂專案目標

使用者體驗願景設計一開始便需在專案目標中明確定義願景的提案,設定目標的項目應考量使用者觀點及事業觀點。

使用者觀點的目標是明確點出「誰?何時?在哪裡?進行何種體驗?」;而事業觀點的目標則應考量「企業品牌及事業的定位為何?在市場上的定位如何?」。

此外,設定目標時,最好先排定對使用者來說的優先度以及對事業而言的優先度。

2 設定目標的目的

① 形成對目標的共識

願景提案的專案訂出明確目標後,如果專案成員之間未能達成共識,便有可能僅止於發現目前問題、試圖解決的問題解決型專案。這種設計方法的人本思維基礎,是一種團體行動,因此與相關部門的成員針對目標達到共識尤其重要。

假如目標設定不夠明確,或者提案理想的內容不符合目標設

定，即使專案成員提出新提案，也有可能無法被其他成員接受。
要讓願景提案的專案順利成功，最重要的關鍵便是對願景提案的
目標設定有共識。

② 使優先順序明確化

許多專案都得在有限的預算、有限的行程、有限的人員調配
以及技能下進行。使用者體驗願景設計準備了多種不同階段，不
過實施專案時，必須根據優先順序來擬定計畫。

事前確定要把哪個方向的願景設為優先，可有效製作專案的
活動計畫。比方可以設定「可推出新事業的願景」、「以提出前
所未有的顧客價值為優先」，或「以釐清品牌方向性為優先」。

3 設定目標的內容

① 概要

從「對使用者而言的價值」以及「對事業而言的價值」等觀
點來概觀專案。

「對使用者而言的價值」統整了這是以何種使用者為對象的
產品、系統、服務，該產品、系統、服務的功用為何，對使用者
來說有什麼好處等內容。

而「對事業而言的價值」的內容，則整理了該產品、系統、
服務以什麼市場為目標，採用何種行銷、生產、通路，就結果而
言，對事業將帶來什麼樣的好處等。

② 基本資訊

根據事前可取得的資訊，整理「目標使用者資訊」、「事業
資訊」、「技術資訊」等需考量的項目，作為專案的基本資訊。

「目標使用者資訊」是指將有共通特徵的目標使用者，區分
成族群後的目標使用者客層。假如這樣還無法清楚掌握目標使用
者的特徵，則計畫中必須包括以掌握特徵為目的的專案活動。

「事業資訊」是指事業領域及事業範圍、市場資訊及競爭
者資訊等。而「技術資訊」是指最新技術、研究的動向、公司技
術、研究的動向，及目標產品、系統、服務等相關技術的資訊。

③ 目標

從願景提案的觀點出發，以「使用者目標」及「事業目標」
兩種角度，來檢討專案目標。

「使用者的目標」應明確釐清是誰、在何種狀況下、有了什

麼美好的感受。「事業目標」應整理獲利目標以及達到此目標的手段，與其他競爭對手的關係等。

此外，將使用者的優先順序及事業的優先順序，作為目標設定的一部分加以釐清，也很重要。例如，對使用者來説魅力跟創新比較重要，但從事業觀點來看，優先順序較高的則是開拓新市場和提升品牌價值，可見使用者目標與事業目標並不一定一致。

優先順序必須從源自使用者觀點的使用者資訊，以及源自企業觀點的企業策略、專案方針等來決定。這裡所指的企業策略包括了事業策略、市場策略、產品策略、技術策略、設計策略及品牌策略等。

④ 活動內容

綜合考量產品資訊、使用者資訊、競爭產品資訊以及專案狀況等項目，記載專案的活動內容。活動內容需考量到以下所述之使用者體驗願景設計的要素：

- 專案目標
- 使用者根本需求
- 事業活動方針
- 使用者設定
- 事業設定
- 製作各個劇本，進行可視化及評估
- 企畫提案書

⑤ 行程

將活動內容套入具體的日程，製作行程表。製作行程表時需記載以下項目：

- 一併記載專案時程與事業或開發時程
- 上市時期、開始提供服務時期、開始進行行銷推廣的時期
- 決定設計概念的時期
- 完成各種規格書的時期

⑥ 小組成員

設定小組成員，明確規範每個人的職責。比方説可以用以下方式来決定成員人選：

- 組長
- 策略專家（事業策略、市場策略、產品策略、商務策略等）
- 企劃專家（事業企畫、市場企畫、產品企畫、服務企畫等）
- 使用者調查及使用者評估專家

- 使用者經驗設計專家
- 視覺設計及產品設計專家
- 各個技術領域的專家

運用使用者體驗願景設計時，建議挑選個性積極正向者作為小組成員。如為問題解決型設計法，能仔細發掘、檢討問題的人較為適合，但採用使用者體驗願景設計時，成員要具備挑戰新事物的意願，且具備豐富想像力和與不同工作夥伴之協調性等特質也相當重要。

此外，因應專案需要，也可追加負責服務、支援者、製造負責人，或者實際使用者等。計畫時若還沒決定好負責人，可先記載為「未定」，以明確分辨此處尚需確定的成員名單。

⑦ 預算與預算計畫書

製作預算計畫時可運用專案管理的手法之一「工作分解結構*」來進行專案預算估價，並管理作業及預算。

工作分解結構同時也是將專案整體切分成細項作業之架構圖。工作分解結構的基本原則，在於先將專案的預計成果切割成細小單位，以分層方式進行架構，之後再明確理出構成各成果所需的工作內容。各個工作的群集，我們稱為工作包（Work Package），應明確歸納出每項作業應該由什麼職種的人來負責，並根據該職種的單價及工作時期，來計算所需預算。

預算計畫是依據專案的各個階段，來檢討如何運用預算，並擬定管理計畫。特別要注意的是模型費用、使用者評估調查的費用，外包公司的費用等，這些外包成本也要列入計畫。

＊工作分解結構（Work Breakdown Structure, WBS）
其原理同於因數分解，就是把一個項目，按一定的原則分解，項目分解成任務，任務再分解成一項項工作，再把一項項工作分配到每個人的日常活動中，直到分解不下去為止（即：項目→任務→工作→日常活動）。

專案的工作分解結構做得好，能有以下優點：

1. 能協助專案經理與專案團隊，確定和有效地管理專案的工作。
2. 能清楚地顯示各項目工作之間的相互關係。
3. 能展現專案全貌，詳細說明為完成專案必須完成的各項工作計畫。
4. 能定義里程碑事件，向管理層和客戶報告專案完成情況，作為專案狀況的報告工具。

2-3　使用者的根本需求與事業活動方針

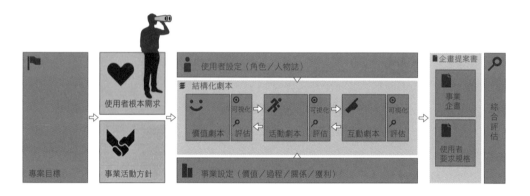

　　以下將説明從使用者相關資訊中導出使用者根本需求的方法，以及從專案相關事業資訊中導出產品、系統、服務的事業活動方針等方法。這兩項輸入資訊來源，係以新提出的產品、系統、服務之創新靈感為基礎。

1 使用者根本需求

1 何謂使用者根本需求

　　問題解決型設計法多以處理使用者的顯在需求為主，而使用者體驗願景設計則是回應了使用者潛在的根本需求，以提供顧客前所未有、滿意度高的產品、系統、服務。為了達到這個目的，首先必須確實掌握使用者的根本需求。

　　使用者根本需求，並非指使用者想要什麼、想做什麼等具體要求，而是使用者心中更深層的要求，例如「其實我想要這種感覺」、「其實我想這麼做」。

　　不過在這裡概括而言的根本需求，在諸如開發嶄新行程管理軟體跟提供讓使用者更享受旅程的服務，其使用者的根本需求完全不同，因此可以得知，不同專案的使用者，根本需求的等級也會有所不同。

　　在此提出的使用者根本需求，也會反映於價值、活動及互動劇本中的使用者角度評價項目，以及劇本的可視化（模型）評估當中。

2 如何了解目標使用者及其方法

要探究使用者根本需求，首先要了解使用者。有各式各樣的方法可幫助你了解使用者，大致上可分為外在理解以及內在理解（見圖表2.3）。

外在理解是指從外觀察使用者，或直接詢問使用者問題，以求從外部來了解使用者的方法。具代表性的方法有提問表單（問卷）、根據設定項目進行問答之結構化訪談法、觀察使用者行動的觀察法或任務分析、依據主題或時間留下紀錄的影像日誌法等。

內在理解則是讓使用者以內省方式口述出自己的心情及想法的方法。代表性的方法有依循主題針對照片寫出小故事的圖片故事法、順應使用者反應靈活轉換提問問題或話題的半結構化訪談法、不斷追問「為什麼」以期獲得更深層回答的深度訪談法，還有請使用者將日常使用產品、系統、服務的結果以日記方式描述記錄的日記法等。

了解使用者的結果，運用外在理解者可用定量分析手法或者圖表方式來整理，運用內在理解手法者多半採取優先衡量行為及心情的方法（階梯法，Laddering）。使用者體驗願景設計為了導出使用者更根本深層的需求，比起外在理解以及定量分析，更重視內在理解以及其結果的分析。

此外，為了解使用者所蒐集的資訊，也可運用於設定目標使用者（角色、人物誌）上。

	外顯需求	潛在需求
內在理解	日記法	圖片故事法、深度訪談
	半結構化訪談	
外在理解	提問表單 結構化訪談 任務分析	行動觀察
	影像日誌法	

圖表2.3　外在、內在理解及分析法

3 從對使用者的了解導出根本需求

使用者體驗願景設計之目的為導出使用者更深層的根本需求，多半會採用半結構化訪談法、製作影像日誌法等理解使用者內在的方式，再根據其資料結果進行使用者需求排序，導出根本需求。

另外。也可以運用圖片故事法，來補強使用者根本需求。圖表2.4顯示導出使用者根本需求的流程。在此之使用者根本需求，不限於一種。

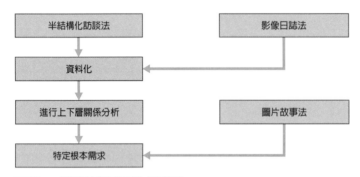

圖表2.4　導出使用者根本需求的流程

④ 半結構化訪談法

訪談方法也有很多種（見圖表2.5），在此將介紹對使用者體驗願景設計極為有效的半結構化訪談法。

「半結構化訪談法」又被稱為「脈絡式訪談法」，事前雖會製作訪談劇本，但進行時會配合對方的反應，視需要靈活變換話題及提問項目，以引導出最接近使用者本意的回答。此種方法必須臨機應變更動提問順序，需要一定的技巧，但只要累積某種程度的經驗，應可熟習相關技巧。

在擬定計畫的階段，最重要的是明訂出「必須問出什麼結果，訪談才算成功」。目的愈具體愈能做好事前準備、設定出較適當的問題。同時分析的效率也會更好。

在準備階段，一定得製作訪談劇本。製作時的重點為預先想好訪談流程，整理話題順序，注意提問項目不要有疏漏。

在實施階段，必要技術為聆聽的能力。一個好的訪談者必須考量對方的立場，以專注聆聽的態度進行訪談，營造出令對方安心發言的氛圍。雖然自己不宜過度發言，但適度分享自己的經驗或交換意見也是必要的。

為了釐清對方的發言，根據情況有時需要當場整理訪談到的回答、向對方確認，或者透過「這是為什麼呢？」等開放式提問，和可用「是」或「不是」來作答的封閉式提問，來探究對方的真意。

此外，為了不漏掉該問的問題，應規畫好時間分配，或是根據對方的特性而改變問法。一般說來訪談時間設定應為說明主旨等前導部分約五分鐘，確認及致謝等收尾手續約五分鐘至十分鐘，整體訪談最好可在約一小時內完成。

訪談方法		調查目的	地點	所需時間
結構化訪談法		統計式計算	會場	短
外在理解		統計式計算或質性研究	會場或當地	中
非結構化訪談	深度訪談法	質性研究	會場	長
	民族誌訪談法	質性研究	當地	長
小組訪談法		統計式計算或質性研究	會場	中

❷ 出自《情報デザインの教室》，情報設計論壇編纂，丸善出版，第52頁，2010。

圖表2.5　訪談方法一覽表❷

5 **影像日誌法**

影像日誌法是指每隔一定時間或者依循既定主題針對使用者行動拍照記錄，對該情境進行簡單說明或附上意見，以掌握使用者需求和使用該產品、系統、服務狀況的方法。在這些擷取出的生活情境中，往往可以挖掘出許多新發現。

具體來說，例如以每隔30分鐘等固定時間單位來拍一張身邊周遭的照片，或者拍下與「時程管理」等具體主題相關情境的照片，並附上簡單意見及說明等（見圖表2.6）。

根據照片一覽，請使用者說明拍攝每張照片時的情境，可以挖掘出許多以往未能注意到的新需求。此外，若主題為特定產品時，則可更加深入分析其利用狀況。從影像日誌法得到的新發現，不僅可作為使用者根本需求之基礎數據，亦可作為設定目標使用者時（人物誌）的資訊來運用。

圖表2.6　影像日誌的範例

6 上下層關係分析法

上下層關係分析法是1993年由梅澤伸嘉所提出，是一種分析小組訪談紀錄資料的手法。原本的用途是將小組訪談中所找出的消費者需求分類成三類：Have需求、Do需求、Be需求，再從這三類需求之間的關聯性，找出根本需求。

使用者體驗願景設計則是根據訪談資料（需求及相關現象的發言）及影像日誌法、行動觀察等事實資訊和發現，找出位於上層之使用者的行為目標（主要目的為何？），以導出使用者根本需求及潛在需求。此外，亦可以用於發想滿足需求之具體方法的執行階段作業。

實際做法是先將製作成卡片的資料分組，找出優先順序的關係。將上層目標（需求）貼上標籤，同時調整各需求的等級。再從相關的需求群中，透過其主要目的為何的問答，引導出更上層的需求。最上層的需求往往是「想獲得幸福」之類的內容，但沒有必要達到如此上層。

階層設定原則上為三層，但超過三層也無妨。此外，找出的根本需求也不限於一種（見圖表2.7）。

❸ 見《應用願景提案型手法解決潛在問題之設計過程——美食區重新設計案例》，廣瀨優平等著，日本人因工程學會人因設計小組概念案例發表會，pp29，2009。

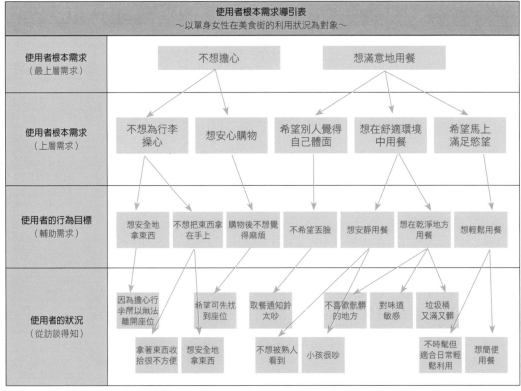

圖表2.7　上下層關係分析法的範例❸

找出使用者需求的階層構造，方法除了上下層關係分析法，還有類似的階梯法（Laddering）。這種方法是透過建構屬性、結果及價值等階層構造，將概念結構化的訪談法。經由升階（Ladder Up，上層化）過程中找出的價值，很接近使用者體驗願景設計中所謂的使用者根本需求。

⑦ 圖片故事法

圖片故事法是透過使用者自己敘述照片及其相關故事，讓他人發現該使用者的根本需求，並進一步發現其潛在需求的方法。

依循特定主題，使用者主動進行內省，以一張照片及故事的組合來表現自己的想法（見圖表2.8）。其中可表現出自己為何這麼想、自己寄託了什麼樣的意義，他人可活用這些材料來發現使用者根本需求，或者作為站在使用者觀點的發想題材。

使用者體驗願景設計是將從圖片故事法所得到的發現，用於補強上述的上下層關係分析法得到的根本需求，或是補充為新的根本需求。

因為經常出差，衣服等其他東西多半已經搭配成套，準備時不太會遲疑，但是到現在挑選鞋子還是會煩惱。

最理想的當然是一雙鞋就能滿足所有需求，不過假如當地可能下雨，或者預計要長途步行，那麼只帶單純商用皮鞋就不太方便。每回準備旅行時，鞋子的挑選總是要等到最後一刻。

現在如果遇到得帶兩雙鞋的狀況，我會挑選有足夠收納空間的旅行箱包，但往往因此無法精簡行李，相當困擾。

圖表2.8　圖片故事法的範例（主題：旅行）

2 事業活動方針

☐ 何謂「事業活動方針」？

使用者體驗願景設計的特徵，在於從「事業觀點」及「使用者觀點」這兩種角度來製作劇本並進行評估。

價值劇本是將事業活動方針（事業角度）及使用者根本需求（使用者角度）導出（發想）為輸入資訊。

人本設計方法將重心放在使用者需求上，往往容易成為僅僅發自使用者要求的提案，但在實際專案進行時，以事業角度出發的要求，勢必會成為所提供的產品、系統、服務之制約條件或前提條件。另外，加入事業觀點的考量，也可讓提案的產品、系統、服務更貼近現實。

從事業觀點來看活動方針所需的資料，包括跟專案相關的事業領域、事業環境、經營資源、事業策略等。這些資訊的蒐集及分析，與其僅由人本設計的專家一手包辦，不如讓行銷、銷售、業務、服務等深諳商業資訊的成員一同加入研究更為理想。假如難以達成，則應請相關部門協助確認導出方針的過程及內容。

☐ 事業領域

釐清專案研究對象的新產品、系統、服務，是屬於何種事業領域，並明確區分出是與該領域中硬體、軟體，或者服務、還是勞務（人力服務）相關。這些資訊將成為製作價值劇本時的前提資料。

☐ 事業環境（機會、威脅）

事業環境的相關資訊，應研究與專案相關之影響商業環境的社會動向，以及政治、經濟情勢、技術動向、法律法規、標準化的動向、市場需求動向、競爭對手動向等。不只是現況，也應留意未來的商機。

☐ 經營資源（強項、弱點）

根據專案相關的經營資源，釐清推展事業時的強項及弱點。具體來說可從既有產品、持有技術、銷售通路、製造及販售據點、品牌力、財務結構、人才等觀點來導出。

利用SWOT（參照第53頁）來分析機會與威脅、強項及弱點亦為有效手法。

5 **事業策略**

對於專案對象的產品、系統、服務，如果已經有了既定策略，例如希望盡早進入市場以擴大市占率，或者希望盡量壓低初期成本等，可在此明確點出。

6 **事業活動方針**

根據事業領域以及事業環境、經營資源、事業策略等事業相關資訊，決定之後的新創事業，要提供什麼樣的方針。

如果有好幾個方針，可採條列式寫法一併列出。這些內容都會反映在各個劇本的事業角度評估項目，以及所提供產品、系統、服務的可視化商業模式評估中。本書的結構化劇本所準備的模板只是一般性範例（見圖表2.9），建議讀者最好因應個別專案目標，從事業角度來評估或研究應加入哪些項目。

事業活動方針	製作者	ESPERANZA	製作日期	年　月　日	流水編號	
	標題	與旅行準備之相關新服務的提供				

事業資訊	
事業領域	・旅行資訊提供服務（jalan、樂天旅遊、Rurubu、JTB、HIS）
事業環境 （機會、威脅） 政治、經濟 社會局勢 技術革新 法律規範 駭客 競爭公司等	・各家公司推出的廉價旅行內容大同小異，難以做出市場區隔，業績成長面臨瓶頸。 ・要達到市場區隔，必須找到新的附加價值。 ・顧客已經厭倦常見的套裝行程，傾向追求可客製化的行程。
經營資源 （強項、弱點） 商品 技術 銷售 據點 品牌 財務 人才等	・與旅行網站有合作關係，經營綜合旅遊入口網站。 ・與行動電話加盟店（docomo、softbank、au）有合作關係。 ・提供各家行動電話系統業者皆可共通使用的裝置（不偏限系統者）。 ・具備可活用據點、人才之環境。 ・硬體、軟體的開發並非在自家公司，而是委外執行。
事業策略 ▼	・提供套裝旅行計畫服務 ・以行動電話提供旅行建議、記錄旅行計畫，旅行結束後回憶可自動上傳部落格的工具和網站。

事業活動方針的提供
鳳凰股份有限公司　服務名稱「完美旅遊」 ・提供划算又有魅力的旅行。 ・同時協助顧客「輕鬆留存旅行記憶、美好回憶」。 ⇨提供價值：以服務為主軸「旅行資訊提供&銷售＋行動電話租售」

圖表2.9　事業活動方針的範例（主題：與旅行相關的服務）

使用者設定

　　為了拓展發想空間、創造新提案，在使用者設定上，使用者體驗願景設計採用階段式、使目標使用者的概念更精確的步驟。

　　設定目標使用者時，可利用人物誌或是角色的手法，以下介紹詳細內容。

1 何謂使用者設定

　　使用者設定是指釐清專案的利害關係人，加以明確化後，再設定出其優先順序及具體的「目標使用者」為何，讓使用者形象更加鮮明。設定目標使用者時，可運用「目標主導型設計法」中的人物誌以及角色等資訊。

2 目標使用者的設定與人物誌

　　「目標使用者的設定」是指釐清專案所涉及的利害關係人，從利害關係人中明確設定優先順序以及目標使用者的詳細形象。

　　「人物誌」則是指詳實記述透過使用者調查後設想出的虛擬典型使用者人物。

　　運用人物誌的設計方法，稱為「目標主導型設計法」，這是一種透過使用者調查後設定人物誌、在設計過程的各階段滿足該人物誌的目標為目的來進行設計的手法。不過這並非正確說法，實際上應該說是一種活用人物誌的目標主導型設計法。

　　人物誌運用了具體且詳實的使用者資訊之描述，搭配個人照

片及姓名組合，使專案相關人員能更容易了解。在人物誌中所記載的要素，包括使用者基本資訊、使用者角色、使用者目標，以及使用者的喜好（品牌偏好）等內容（見圖表2.10）。

決定人物誌後，從產品、系統、服務的策略、企畫、開發、行銷到銷售等各階段的目標使用者，皆以此人物誌為基準，運用到每階段。

運用人物誌的優點，在於能夠透過容易理解的表現形式，提升成員對使用者形象的認識，當相關成員之間對目標使用者有所共識，可促進合作。設定明確的目標使用者、而非一般的使用者，可以促進具創造性的設計發展，有效地進行使用者評估。

基本資料	姓名	大山裕介
	年齡、性別	24歲　男性　單身
	住址	千葉市
	家族成員	一家三口。雙親住在靜岡老家。父親（52歲、區公所職員）、母親（48歲、職業婦女）
	公司名稱	千葉工科大學　千葉站附近
	公司概況	員工人數約150人
	部門、職位	大學事務局求職部
	職種	求職專員

特徵 身體、生活習慣、文化素質、性格、興趣、專長、知識水準等	・175cm。外觀好感度高。 ・大學就讀靜岡工科大學（私立）。專攻經濟學。畢業後成為母校姊妹校的事務職員。 ・性格看似散漫，不過自認該發揮的時候能夠投入。 ・可能因為不得要領，工作與生活都堆積了相當多雜物，腦子裡和身邊都總是雜亂不堪。 ・開始工作後第一次獨居，已經有兩年時間。 ・特技為從小學時開始練習的足球。現在偶爾也會參加大學足球隊的練習。
角色（利害關係人） 從角色的觀點來整理這是個什麼樣的人，是否為該產品、系統、服務之使用者和利害關係人	・進公司第二年，負責學生求職活動。 ・是求職部中最年輕的職員，對學生來說像大哥哥、對求職企業來說像是大學代表般的業務員，包含許多面向，工作愈來愈有趣。今後希望可以進一步提案就職活動。 ・經常需要出差拜訪企業。偶爾需要出席就職說明會等正式場合，但始終不太習慣。 ・老家的雙親很擔心獨居兒子的三餐跟家事，每次通電話都會再三詢問「沒問題嗎？」。
喜好（品牌偏好） 整理出使用者和利害關係人與該產品、系統、服務在何種狀況、環境下，具備何種偏好	・喜歡的店家是以紳士風雅形象深植人心的日系國民品牌United Arrows和日系潮牌Beams。沒有特定喜好的品牌，但有自己的原則，覺得自己品味應該還不錯。 ・對家具和室內設計有興趣，嚮往簡單帥氣的房間（但現實生活卻完全不同……）。 ・講究行動電話的設計和功能。最近正要換購最新的智慧型手機。下載很多應用程式。一看到新奇的應用程式就會下載來跟朋友炫耀。 ・雜誌會根據特輯內容，購買《Pen》等雜誌。例如智慧型文具特輯等。 ・一直很喜歡日本搖滾樂團Spitz的音樂。

圖表2.10　人物誌模板的記載範例

3 目標主導型設計法

　　「目標主導型設計法」是一種從頭到尾都考量使用者目標，來進行設計檢討的手法（見圖表2.11）。其步驟是先設定人物誌，接著設定人物誌的目標。之後在使用者劇本中記述到達目標的過程。持續考量所設定的人物誌及其目標還有使用者劇本，反覆進行設計及評估。

人物誌
三島景子今年29歲，目前在某大航空公司擔任空服員。每星期約有兩次需要出差兩天一夜。興趣是開車兜風、聽演唱會。
目標
景子正在尋找適合兩天一夜的出差用旅行包。希望適合在飛機內輕鬆移動、能帶上飛機的方便好用提包。
劇本
在同事的介紹下到了旅行用品賣場，看到幾個登機箱。找到一個看似可帶到機內、可在機內輕鬆移動的款式，買下了該登機箱。

圖表2.11　目標主導型設計法的範例

　　以下，將針對目標主導型設計法的各階段活動進行解說。

1 定義出何種目標使用者（人物誌）

　　盡量具體地描述目標使用者（人物誌）。例如：「內田利夫，男性，目前45歲。他跟小自己一歲、目前在便利商店收銀台打工的妻子明子，住在距離武藏境車站需要步行18分鐘的公寓。他在位於中野的山本商會上班，負責產品管理。興趣是以維持健康為目的的馬拉松，偶爾參加馬拉松大會是他的一大興趣。」

2 記載目標使用者的目標（人物誌的目標）

　　記述目標使用者（人物誌）的對象產品、系統、服務具體的目標。例如：「內田利夫一直想利用星期天的空閒時間製作自己感興趣的馬拉松網站，特別想公開自己跑馬拉松時的狀況。」

3 記載達成目標的步驟（人物誌劇本）

　　撰寫目標使用者（人物誌）達成目標的典型劇本。例如：「內田利夫為了製作自己感興趣的馬拉松網頁，請教了熟諳製作網頁的友人蒲田先生。蒲田先生告訴他可以先從部落格開始。於是內田先生在網路上搜尋，發現了介紹如何製作部落格的網頁『部落格入門』，遂參考該網站著手製作網頁。」

4 目標使用者的設定方法

為了拓展發想空間、創造新提案，使用者體驗願景設計採用階段式的步驟來製作人物誌，好讓目標使用者的概念更精確。

具體來說，需在專案目標設定中記載大致的目標使用者，透過「取得相關資訊」、「使用者調查及分析」、「設定角色」、「設定人物誌」等順序，讓目標使用者的形象更詳實。此外，也要讓各個目標使用者的設定與各劇本的內容產生連動。

以下說明決定人物誌的過程。

1 取得相關資訊

考量專案目標，取得跟目標使用者相關的既有資訊。活用這些資訊，設定出多種角色作為人物誌的候選人。

2 使用者調查與分析

考量候選人角色的使用者屬性，開始招募受訪者，對與角色設定屬性相近的人進行訪談、小組訪談調查等定性調查。這裡的訪談調查目的不僅在於傾聽使用者直接心聲，活用階梯法（參考第65頁）找出角色本質也很重要。

3 決定角色

進行定性的使用者調查之結果分析，可設定出多個作為人物誌的候選人角色（見圖表2.12）。角色是人物誌的骨架，是將使用者特徵以條列方式列舉出內容。

	角色1	角色2	角色3	角色4	角色5
使用者基本資訊	渡邊美樹小姐 21歲 女性 大學生	岸本理惠小姐 22歲 女性 服務業	廣瀨小百合小姐 26歲 女性 調酒師	田江姬子小姐 32歲 女性 建築設計	小出真由小姐 32歲 女性 家庭主婦
使用者角色	受朋友仰賴	擅長帶動氣氛	活潑好動	我行我素 認真	擅長家事 開朗
品牌喜好	西洋音樂 江國香織	亞細亞工夫世代 艾薇兒 辻亞彌乃	柚子 村上春樹	宇多田光 鬼塚千尋 Tully's Coffee	女性週刊《SEVEN》
使用者目標	想換個心情 擺脫求職的事 當翻譯家 移居海外	想放輕鬆 想聊天 想要任天堂DS 想開麵包店	想遇見有趣的書 想買新衣服 想成為可愛嬌妻	喝美味咖啡 取得一級建築士資格	開設料理部落格 交換減肥資訊 兒子考大學
享受的方法	消磨找工作的空檔時間	放鬆	閱讀	享受咖啡	跟朋友聊天

圖表2.12　角色範例

4 決定主要的人物誌

　　從多個角色中因應專案狀況決定主要的人物誌。主要人物誌應考量專案目標，根據策略（企業策略、產品策略、行銷策略）、事業觀點（市場規模、購買力、品牌觀點）等要素，擬定優先順序而決定。

　　描述主要人物誌時，比起正確性，更重要的是決定具體細節，主要由使用者調查結果及刻板印象的概念所決定。對於專案來說重要的部分需根據使用者調查結果決定，較不重要的部分可以根據一般刻板印象的概念來決定。

　　我們可用以下觀點定義使用者基本資訊、使用者角色、使用者目標及使用者喜好（品牌偏好）等人物誌的四個概念。

- 使用者基本資訊：記載姓名、年齡、性別、家族、職業、環境、特徵（身體、認知、文化、性格、興趣）、技能、知識等項目。
- 使用者角色：記載其在事業上的角色（例如：事業部長、採購部長、軟體工程師）以及私人角色（例如：是家庭支柱、樂團團長）。
- 使用者目標：整理出使用者透過該產品、系統、服務，想達成什麼樣的事（目標）。
- 使用者喜好（品牌偏好）：整理出利用者對於有關該產品、系統、服務有什麼樣的喜好（例如：喜歡的品牌、喜歡的行動、喜歡的產品）。

5 使用者體驗願景設計中的目標使用者設定

　　在使用者體驗願景設計的過程中，目標使用者可依以下階段性方式設定、逐漸具體化（見圖表2.13）。

手法的階層	使用者分類 使用者分類設定	角色 使用者概要設定	人物誌 使用者詳細設定
專案目標	○		
使用者根本需求		○	
使用者設定		○	
價值劇本		○	
活動劇本			○
互動劇本			○
企畫提案書、規格書			○

圖表2.13　使用者體驗願景設計之各階層的使用者設定

1 **專案目標**

為了進行使用者分類，勾勒目標使用者的大致概要。

2 **使用者根本需求**

從「專案目標」的目標使用者中，設定出多個目標使用者候選人。再以接近目標使用者候選人的使用者為對象，實施探求使用者根本需求的使用者調查方法，以作為進行「使用者設定」的資料。

3 **使用者設定**

此階段不需要設定出如人物誌般的使用者詳細形象，應從使用者根本需求中，設定出可作為人物誌骨架的角色資訊。

4 **價值劇本**

活用在「使用者設定」中所決定之相當於角色的使用者概要設定資料。

5 **活動劇本**

活用對角色追加了詳細資訊、類似人物誌般的具體詳細使用者設定。

6 **互動劇本**

記載如人物誌一般的詳細使用者資訊，並讓專案相關成員掌握其操作狀況。本人物誌亦可活用於使用者調查。

7 **企畫提案書及產品、系統、服務規格書**

像人物誌一樣詳細記載精細描述後的目標使用者，讓專案相關成員都能共享目標使用者的形象。

2-5 事業設定

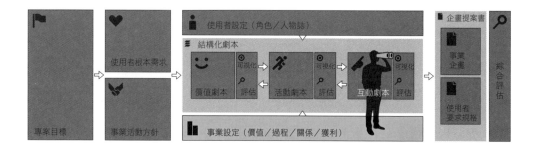

　　人本設計方法往往著重於使用者觀點，但在實際專案進行中，一定會有來自事業觀點的限制及條件。以下將根據商業模式的觀點來解說事業設定，特別是商業活動的要素及其相關性。

1 何謂事業設定

　　根據事業領域、事業環境、經營資源及事業策略，還有根據為達成專案目標所訂出的事業活動方針，依序設定出事業的型態。

　　根據事業活動方針及使用者根本需求，從價值劇本中設定所欲創造出來的使用者價值以及事業觀點的價值。此外，也需要根據結構化劇本訂定出提供這些價值的事業流程。

　　另外，擬定實現這些價值以及過程所需的經營資源及與顧客的合作，即事業環境的條件，也是撰寫結構化劇本時的一大重點。必須設定出讓事業成立、可持續經營的投資及收益條件。

　　諸如上述依序設定事業要件，最後將能依循使用者體驗願景設計，建構出可實現使用者根本需求的新商業模式。

2 何謂商業模式

　　大多時候「商業模式」都被用來描述事業本身，在日本説「business model」，其實相當於英語國家的「business method」，有時也會用來表現商業模式專利的對象。

　　在本書中，係將商業模式用來作為結構化劇本的可視化方法，

因此主要以前者的含意來解釋，但並不代表不包含專利之意。

將「商業模式」一詞用來解釋事業時，一般來說可分成以下三種情況：

① 以一句話表現事業特徵時：例如以下用法：「這個生意就是以那種技術為特徵的『商業模式』。」使用目的在於表現某種事業全貌的內容及話語。

② 為幫助理解事業過程而使用時：為使他人容易理解事業的結構及流程、價值之移動等整體狀況，可運用「商業模式」一詞。

③ 進行事業分析時：為了解既有事業型態的面貌，可運用「商業模式」這種說法。一般來說在企業經營學中，會將各種事業的成功案例當成商業模式進行分析，以期掌握其構造及特徵。

那麼具體來說，「商業模式」到底指什麼？這一點許多專家學者從各種不同立場提出了多種看法。

一般來說最普遍的說法是：商業模式是一種「產生獲利的機制」。但正確來說，是「將產生獲利的機制加以模式化」。有些學術資料在介紹商業模式的功能之外，也說明了其定義。以下僅介紹幾種具代表性的說法：

- 「將事業主要特徵模式化，以簡單型態表現。」[4]
- 「為了創造顧客價值之事業設計的基本框架。」[5]
- 「企業衍生出各種事業的基礎，創造顧客價值的基本機制。」[6]
- 「指由誰、做了什麼、什麼時候、為什麼，以及一家企業花了多少成本，來提供它的產品與服務，並獲得報償。」[7]
- 「經營資源的組合。」[8]

日本經營政策教授利根川孝一，彙整了上述內容，提出了以下定義：「商業模式係將事業活動加以模式化後所表現出的概念，此外，其事業活動之構成因素是為誰提供什麼樣的價值、如何提供該價值。」[9]

因此，將結構化劇本可視化、設計為商業模式時，我們必須了解該商業模式是由何種要素所構成、其構造為何，以及該如何做出來。

日本經營學者國領二郎，針對商業設計思想之定義，提出以下四大要素。[10][11]

① 為了誰？提供什麼樣的價值？

② 如何提供該價值？

③ 如何彙整提供價值所需要的經營資源？

[4]《ビジネス．モデルに研究》，高橋敏朗，office automation，Vol.22 No.1, pp.24-29，2001。

[5]《ビジネスモデル革命》，寺本義也、岩崎尚人，生產性出版，2000。

[6]《eマーケテの戦略原理》，原田保、三浦俊彥，有斐閣，2002。

[7]《The Ultimate Competitive Advantage》, D. Mitchell, C. Coles, Berrett-Koehler Publishers, 2003。

[8]《ビジネスモデル入門》，吉原賢治，工業調查會，2000。

[9]《ビジネスモデル―概念から実践的活用へ―》，利根川孝一，政策科學，Vol.11 No.2，pp.9-19，2004。

[10]《オープンネットワーク経営》，國領二郎，日本経済新聞社，1995。

[11]《オープン．アーキテクチャ戦略》，國領二郎，鑽石社，1995。

④對於所提供的價值該如何制訂收益系統、取得應得的報酬？

此外，在《獲利世代：自己動手，畫出你的商業模式》（*Business Model Generation*）一書當中，從分析的觀點將商業模式的要素列舉如下（見圖表2.14）：

目標客群（Customer Segments）、價值主張（Value Proposition）、顧客關係（Customer Relationship）、通路（Channels）、關鍵行動（Key Activities）、經營資源（Key Resources）、關鍵夥伴（Key Partners）、收入來源（Revenue Streams）以及成本結構（Cost Structure）。

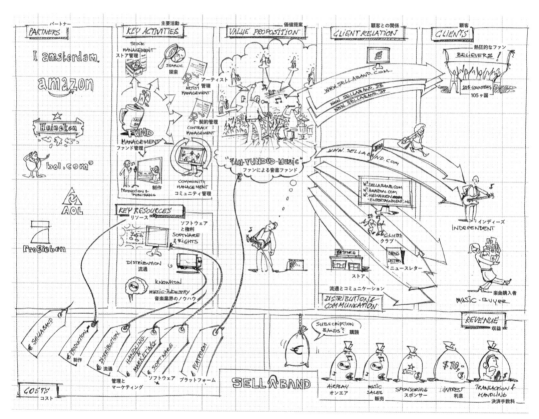

圖表2.14　描繪音樂產業的新商業模式，以音樂網站Sellaband為例⑫

⑫《ビジネスモデルジエネレーション》，Alex Osterwalder、Yves Pigneur著，小山龍介譯，翔泳社，第157頁，2012。

從這些事業要素中簡單地找出用來設計商業模式的構成要素，可歸納出以下項目：

- 角色：使用者及顧客，或是跟事業有關的各種利害關係人。
- 價值：對於產品、系統、服務，提供方與接受方之價值。
- 過程：透過提供方的行動，提供價值的方法及其構成。
- 資源：提供方所有的人力、技術、設備、通路、資金等經

營資源。

- 關係：為了補足實現價值時不足的部分，需與提供方或接受方緊密合作。
- 獲利：為能持續提供價值，需考量投資及獲利結構以維持盈利。

上述要素在各事業中是何種內容？何種構造？將這些想法透過可視化方式表現，即為事業模式。

3 使用者體驗願景設計中的商業模式

在使用者體驗願景設計中，我們透過結構化劇本，階段性地將事業模式化。因此，在事業設定時需在各劇本階層設定商業模式。然而在模式化時要考察、表現事業的構成要素之結構並不容易。因此必須將事業構成要素的結構，區分成簡單易懂的模式來設定、思考。這種方法中包含了四種觀點，分別是價值模式化、過程模式化、關係模式化以及獲利模式化。

「價值模式化」是指以角色及價值為基準製作模式，將接受方、提供方的事業活動加以模式化。這種價值並非只提供給使用者或顧客，還需考量到可以提供價值給事業相關的各種參與者（即利害關係人）等其他主體某種價值，使其享受價值。

「過程模式化」是將擁有何種經營資源、以何種方式組合、透過怎麼樣的過程來創造、生產出價值以送到顧客手中這個過程加以模式化，設定從企業及組織的經營資源創造出來的價值，經過何種商業流程來提供。

「關係模式化」是將企業所擁有的資源以及相關企業間的關係加以模式化，同時也將跟使用者或顧客間的關係模式化。這麼做可以表現出不同組織之間的關係特徵，考量使用者與顧客之資訊，設定在何種控制下進行事業經營。

「獲利模式化」是將為了提供價值而進行投資的相關收益、成本、財務風險等因素加以模式化的概念。這項設定會受到「價值模式化」與「過程模式化」的影響，設定的內容將決定事業活動之成敗存續，與事業的獲利部分相關。

綜合以上說明，設定商業模式時需要從事業活動的要素與其相關性、過程跟與營收相關的關係中，根據上述四個觀點組合運用模式，進行綜合性事業設定和模式化。

至於使用者體驗願景設計中根據結構化劇本創造出的商業模式之具體表現手法，將於「2-7 可視化」單元中進行說明。

2-6 結構化劇本

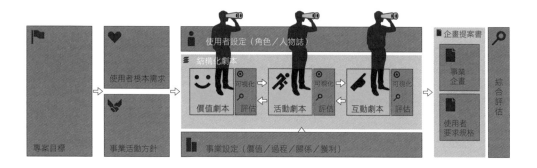

在使用者體驗願景設計中，我們導入了表現使用者觀點的人物誌以及劇本，作為傳達未來願景的方法。本單元將説明劇本的概念，以及結構化劇本之使用方法與特徵。

1 劇本式設計法

在傳達產品、系統、服務的概要及特徵時，需適切表達出運用產品可獲得的價值。根據具體使用順序及影響依序説明，其內容就會自然地變成一篇故事。這裡形成的故事，就是劇本。

劇本可應用於與產品、系統、服務相關的各種場合。在開發初期發想靈感時、要對他人説明想出的點子時，或是要把靈感記錄成書面資料時，都可以用劇本形式來説明。讓開發相關組織內成員達成共識。

接著，當產品、系統、服務交到使用者手中，説明其使用方法時，也可活用劇本。例如行銷推廣用的手冊或型錄，便能用故事的手法來説明其概念及特徵，產品使用説明書也會依照步驟來説明使用方法。可見與產品、系統、服務相關的各種場合，都可以活用劇本[13]。

在設計活動中，將劇本作為中間階段成果呈現的方法，稱之為劇本式設計法[14]。有時會在設計過程中片段式地使用劇本，有時會將其當成主要成果。

在技術溝通的領域裡，以往認為運用5W1H來表達想傳達的

[13] 《プロダクトデザイン》日本工業設計師協會編，Works Corporation，pp116-117，2009。

[14] 《要求工學》，大西淳、鄉健太郎，共立出版，2002。

內容，是有效的方法，在劇本表現手法上也是一樣的道理。在有關產品的劇本中，何時、何地（when、where）表示狀況，誰（who）表示使用者，什麼（what）表示對象的產品、系統、服務，為何（why）表示使用者的目標與期待，如何（how）表示該產品、系統、服務的使用方法。窮究到底是「誰」，以詳細具體的方式表現，便是人物誌，因此劇本跟人物誌之間，有密不可分的關係。

撰寫劇本時，可以有各式各樣的表現手法。其中具代表性的方式，便是以文字的形式來表現。其他還有運用電影或影像等動畫形式，或是依照時間順序排列照片或速寫，以類似故事板的方式來呈現。另外，也可以用單格或者連續漫畫的手法來表現。

2 劇本可運用於許多面向

開發產品、系統、服務時，劇本可活用在各種面向。例如，依照時間順序記錄使用者實際的行動狀況，即可構成一個故事，這也等於是將現場觀察到的結果（田野調查）記錄成資料。此外，產品企畫時實施的問卷調查結果，不要以原始資料呈現，改用可傳達出資料意義之劇本，將可更有效地幫助他人理解。這就是所謂的資料可視化。

在產品、系統、服務的企畫階段，要將概念明確顯示為願景，劇本也是種有效方法。在此所示的劇本，於之後的產品開發階段，也可運用來形成相關成員之間的共識。另外，在開發初期階段也可以讓使用者看過劇本，徵求使用者的意見。這也可以說是一種設計初期階段的使用者評估。

在開發的詳細階段，研究使用者操作流程時，可製作關於功能的故事板及操作流程圖，來研究基本操作系列和候選人操作系列的差異。這屬於決定使用者與系統間互動關係的步驟，等同於製作詳細的劇本。

3 劇本的運用，根據目的而變化

「問題解決型」與「使用者體驗型」設計法，運用劇本的方法不同。

「問題解決型設計法」將劇本用於表現問題的狀況。例如目前使用者使用的系統有操作上的問題、進而導致使用者無法隨心所欲使用時，便可製作「問題劇本」，以故事方式解說其迷惘的狀況。

當設計師充分理解問題後，可著手進行設計以解決問題。如果該操作性問題只要透過修正系統的設計便可解決，便可進入新設計方案的研究階段。接著，如果能以對比方式表現出新設計方案（解決後）與問題劇本（解決前），並注意需以簡明易懂的方式兩相對照，便可製作出實現使用者所期待的操作狀況的「解決劇本」。

「使用者體驗願景設計」則將劇本用來表現願景。也就是說，所製作的劇本要呈現的是開發結果所期望達到的對未來的想像。此時，劇本具備了開發目標的功能。

這種方法與「問題解決型」不同，設計活動不一定得從表現問題狀況的劇本開始，有時也可憑藉設計師的自由發想及種子技術來開展設計。為了可以跟開發者共享設計結果帶給使用者的影響、並進行評估，必須設法將其可視化。這時就可以運用故事型態的劇本。

4 劇本如何結構化？

在「使用者體驗願景設計」中，將劇本分成不同階層來進行結構化。在此將所創出的產品、系統、服務功能，依照構成要素觀點來進行階段化整理，可讓內容更容易理解。

在此，我們將階層分成①價值、②活動、③互動等三個階層進行整理。之所以這樣分層，是因為要實現整體性能的步驟，需經過①構思價值、②構思如何實現該價值的活動，以及③構思實現該活動的具體操作等三個階層（見圖表2.15）

這些階層並不一定要按照價值、活動、操作這種由上而下的方式來建構，實務上必須由上而下、由下而上，不斷重複建構及再建構，以求達到可實現整體功能的目標。

根據這樣的觀點，將劇本按照不同特徵撰寫，可使開發中的產品、系統、服務各功能階層更加明確，這就是所謂的「結構化劇本」。

結構化劇本是對應以上階層的三種劇本，分別是①價值劇本、②活動劇本、③互動劇本。根據這些劇本，可製作出包含使

圖表2.15　劇本階層不同，功能也不同

用者要求規格和事業企畫在內的企畫提案書。

接下來介紹在結構化劇本裡各個劇本的特徵（見圖表2.16）。

價值階層中的價值劇本，是用來描述產品使用者的根本價值，以及產品提供者事業面上的價值，因此，要在此描繪出事業目標及使用者的期待。此階層的重點不在於瑣碎的技術條件，而是必須開發目標這類較抽象的項目，因此評估觀點的重點在於事業觀點。此外，反映了人本設計所重視的使用者滿意度之魅力及創新性，也是本階層中需討論的評估觀點。

活動階層中的活動劇本，需將開發對象之產品、系統、服務的使用情境具體化，以描述使用者的活動。特別著重在劇本中描繪活動的整體流程與使用者的情緒。活動劇本也需描述事業觀點，但劇本的主體是使用者的具體形象及其活動。評估觀點的重點為於人本設計之下的有效性。

操作階層中的互動劇本，主要是必須具體描繪使用者針對目標產品之具體操作，並展現產品、系統、服務的功能。此階段的重點評估觀點為人本思維之下的效率性。

相對於以上各劇本，在企畫提案書（包含使用者要求規格書及事業企畫）必須表現出產品、系統、服務在實際實現時的樣貌，因此主要記述對象為技術要素，必須從可實現性的觀點加以評估。

此外，結構化劇本跟國際標準ISO9241-11（見1-1）中的易用性定義，在結構上是一致的。在ISO9241-11中，將易用性定義為：「一個產品由特定使用者於特定使用狀況下為了達成特定目標使用時之有效性、效率，以及使用者的滿意度。」

在結構化劇本中，我們將使用者資訊，具體且詳實地以人物誌的方式呈現。

價值劇本特別站在對使用者提供價值的觀點，記述使用者的滿意度，並進行評估。活動劇本針對使用者經驗，以大致可掌握活動整體流程之抽象度來記述，進行有效性的評估。在互動劇本裡，根據時間順序，具體描述使用產品、系統、服務時的使用者目標，以及使用者使用、運用這些產品、系統、服務以達成目標的活動之過程，因此在此可進行效率性的評估。

如此一來，我們等於是將易用性定義中的評估對象項目，配置到各個階層、分別處理。

劇本的種類	事業的目標 使用者的期待	使用者 具體活動	對象 構成要素	技術	重點 評估觀點
😃 價值劇本 （對使用者來說的價值、 以事業面來說的價值）	○	×	×	×	事業 人本設計 魅力性 新規性
🏃 活動劇本 （使用者的活動）	△	○	×	×	人本設計 有用性
✏ 互動劇本 （朝向目標的具體操作）	△	△	○	×	人本設計 效率性
📄 企畫提案書 （實現方法）	△	△	△	○	技術 可實現性

圖表2.16　結構化劇本中，各劇本的特徵

5 用案例示範三種劇本的特徵

　　以下以簡單的案例，說明價值劇本、活動劇本及互動劇本之概要和特徵，所舉的案例是針對個人的記帳本服務，我們將以本例來撰寫三種劇本。

① 情境設定

- 製作者隸屬於企畫開發個人用記帳本服務的網路程式開發部門。
- 有開發網路程式的經驗，至今發表過多種應用程式。
- 公司擁有高度的圖像解析技術，也設有光學字源識別（Optical Character Recognition, OCR）技術的研究開發部門。
- 本專案重視如何提高操作性，達到與其他同類型服務的市場區隔。
- 希望可吸引到記帳本入門使用者，並摸索與公司其他服務間的連動性。
- 已完成基本市調，透過對潛在使用者的訪談，得知使用者重視應用程式是否使用方便。

② 價值劇本

　　在價值劇本中描述提供給使用者的價值為何。如同前述，價值劇本需以使用者的根本需求與提供者的事業活動方針為中心，記載必要資訊。

　　在價值劇本階段，還不需要針對個別使用者訂出詳細具體的人物誌，只需設定出產品、系統、服務的對象之角色。

具體來説，價值劇本主要是需針對使用者資訊、事業資訊及
劇本相關描述等三個項目進行記述（見圖表2.17之範例）。

在使用者資訊方面，可記錄透過訪談及行為觀察、內在理解
等步驟所得到的使用者資訊。此外也需要根據使用者資訊，運用
上下層關係分析法，找出使用者根本需求。

在事業資訊方面，我們需記載事業領域及事業環境（機會、
威脅）、經營資源（強項、弱點）、事業策略等與事業相關的基
本資訊。記載SWOT分析等結果也相當有效。此外，也需記載以
事業資訊為基礎的價值提供方針，亦即事業活動方針。

最後，將所提供的價值記載描述成劇本。此處的重點為聚焦
於價值，不需特地描述具體的使用者形象或產品、系統、服務的
內容。這是為了防止之後研究產品、系統、服務的階層時，導致
實施方法上的限制。

☺ **價值劇本**

使用者資訊

記帳本製作初學者：想管理收支，但不希望太麻煩。

事業資訊

擁有圖像解析技術。

事業活動方針：透過方便好操作的使用者介面，讓打字與閱覽資料
時更加簡單輕鬆（重視顧客滿意度）。

劇本

雖是記帳本初學者，但希望透過簡單的輸入，正確管理收支。

圖表2.17　**價值劇本的範例**

要評估價值劇本時，需確認使用者的根本需求與事業活動方
針是否適當地反映於其中。具體的評估觀點如下：

- 是否滿足專案目標？
- 是否滿足使用者的根本需求？
- 是否吻合事業活動方針？
- 劇本的產品設定是否符合其角色？

實際上進行評估時，可運用2-7中所介紹的各種方法將劇本可
視化。使用者角度與事業角度的評估手法並不相同。前者可將情
境可視化，方便使用者進行評估。也可準備確認清單由專家來進
行評估；後者進行專家評估，挑選每個專業領域既有的適切評估
方式，實施評估。

另外，使用者角度與事業角度的評估觀點也不同。使用者角度需考量有效性、效率性、滿意度等，而事業角度則需考量企業策略、事業性、可實現性，以及社會性。

這些評估觀點因劇本所表現的不同功能階層而有所差異，並非一律適用。此外，即使同樣是魅力性，在不同功能階層中魅力的意義和重要性也不一樣，還請特別留意。

在上述這些評估觀點中，價值劇本係以使用者角度的有效性及滿意度為對象，在本階層中並不評估效率性。同樣的，事業角度在此階段評估企業策略性、事業性、社會性，並不評估可實現性。這些非評估對象的觀點乃關乎產品、系統、服務實際運用的狀況，將在互動劇本中處理。

此外，亦可隨著專案需求適當地改變評估觀點。例如為了評估劇本本身，可以導入劇本共鳴度評估，以了解使用者的接受度。藉由這些方法，可促進使用者在設計的早期階段便參與其中。

③ 活動劇本

活動劇本是根據價值劇本來設定出某個情境，將該情境的活動整體的流程以及使用者的情緒，記錄為可掌握活動全貌的劇本。另外，在活動劇本中需要導入具體化的人物誌資訊。

具體來說，活動劇本主要是針對使用者資訊、情境資訊與劇本資訊三項進行描述（見圖表2.18之範例）。

在使用者資訊方面，按照價值劇本所設定的角色，選出人物誌候選人，描述出具體的人物誌資訊。若有多個角色，則每個角色都需製作一份活動劇本。

在情境資訊方面，記述依價值劇本中設想之情境。為了實現價值劇本中所描述的價值，可能出現多種情境，需針對每個情境製作一份活動劇本。因此，每一個價值劇本，都會衍生出多個活動劇本

根據以上資訊，劇本以人物誌的目標為基礎，記述在所設定的情境下人物誌的活動流程及情緒狀況。活動劇本聚焦於人物的體驗上，並不進行產品、系統、服務等對象的具體化。換句話說，活動劇本並不依賴產品的現實狀態，仍保有實現的多樣可能性。

在這個活動劇本中，我們導入了具體使用者作為使用者資訊。情境設定為記錄支出。在劇本中使用者拓也的活動狀況以抽象任務等級來描述。從「覺得很糗」的表現方式上，可以了解拓也的態度。

🏃 **活動劇本**

使用者資訊

拓也是個健康有活力的大學二年級學生。為了通學而到郊外的大學工學部外宿。家裡給的金援不多，又得參加社團聚會，因此非常努力打工。為了避免每到月底就捉襟見肘，必須管理自己的收支。

情境資訊

記錄支出。

劇本

拓也利用這個程式來管理存款。他透過這個程式得以掌握自己剩下多少零用錢。此外還可記錄收入金額以及支出的金額。由於覺得詳細記錄費用的樣子被別人看到會很糗，因此希望可以不顯眼又迅速地記錄。

拓也午餐時間到大學附近的便利商店買便當，用現金支付，從店員手中拿到裝有產品的袋子、找回的零錢及收據。以往拿到收據他總是馬上扔掉，但現在開始記帳了，所以他會根據收據，將花費金額記錄到記帳本中。

圖表2.18　活動劇本的範例

這個案例將具體的使用者定義記述為使用者資訊，不過在結構化劇本中，此部分應獨立描述，製作成人物誌，讓結構化劇本的整體階層皆可參照。此時使用者資訊只需記錄參考了人物誌的定義即可。

活動劇本應重視根據人物誌在其目標的對象情境中有何感受，並將其活動及情緒狀態以易懂的方式進行描述。也需反映出作為前提的價值劇本內容。因此評估活動劇本時，需站在這些內容是否適切反映出來的觀點進行評估。具體內容如以下項目：

- 是否滿足專案的目標？
- 可否實現價值劇本（當中所描繪的情境）？
- 是否反映出人物誌？

實際進行評估時，我們需將依情境以及人物誌區分描寫的各個活動劇本，以2-7中所介紹的各種方法加以可視化。

評估手法與價值劇本一樣，分成使用者角度與事業角度。前者是透過將情境可視化，讓使用者進行評估。例如將使用者在對象情境中的活動，透過心理學的行動化調查（Acting Out，參考第93頁），評估其有效性及滿意度。此外，也可準備確認清單由專家來進行評估。在後者事業角度的評估中，可挑選每個專業領域既有的適切評估項目及方法，實施評估。

在評估觀點方面，活動劇本是將使用者角度的魅力、有效性和滿意度視為對象，在這個階層不評估效率性。同樣的，事業角度在此階段評估企業策略性、事業性、社會性，不評估可實現性。這些非評估對象的觀點乃關乎產品、系統、服務實際運用的狀況，將在互動劇本中處理。

4 互動劇本

互動劇本需將活動劇本裡記述的活動流程，描述為將對象具體化的互動；也就是說，必須按照時間順序來描述人物誌與產品、系統、服務間的具體關係。此時應明確描述出產品、系統、服務的功能特徵，並將使用者的行動也具體化。

具體來說，活動劇本是分成使用者資訊、任務資訊及有關劇本的描述等三項目（見圖表2.19之範例）。

使用者資訊與活動劇本中的描述相同。若活動劇本已經寫好，在此只需沿用。如果另外準備了人物誌的描述資訊，此處應顯示對象人物誌的參考資訊。

接著記述從對應的活動劇本所設定的任務。為了實現活動劇本中所描述的活動，需設定多個任務，每個任務都需製作一份互動劇本。因此，一份活動劇本會衍生出多個互動劇本。

根據這些資訊來記述互動劇本。在此應根據任務，按照時間先後順序記述人物誌與產品、系統、服務間的關係。記述時特別應留意的是盡量將實現產品、系統、服務的提案以具體易懂的方式表現。這裡的實現提案應充分研究硬體、軟體以及人性體（Humanware）*的特性，分配功能及角色。

* Humanware

指使用電腦的人之意識、能力、資質等。

互動劇本要根據任務，依時間順序記述任務中的人物誌與產品、系統、服務間的關係。這份劇本當然必須反映出事前製作的活動劇本內容。因此評估互動劇本時，需站在這些內容是否適切反映出來的觀點進行評估。具體內容如同以下項目：

- 是否滿足專案的目標？
- 是否實現了活動劇本（所描述的任務）？
- 是否反映出人物誌？

實際上進行評估時，我們需將根據各個任務及人物誌所個別描述的互動劇本，以2-7中所介紹的各種手法加以可視化。

互動劇本的評估手法與價值劇本一樣，分成使用者角度跟事業角度。前者乃透過將情境可視化，讓使用者進行評估。特別是在活動階層當中，產品、系統、服務的提案已經具體化，可透過製作模型的方式進行使用者的使用評估。

這代表著在這個階層可以運用各式各樣的易用性評估手法。

例如可以準備確認清單由專家來進行評估，也可利用模型來進行
評估。在後者事業角度的評估中實施專家評估，可挑選每個專業
領域既有的適切評估項目，實施評估。

在評估觀點上，互動劇本中所有評估觀點皆為評估對象。尤
其是在價值劇本和活動劇本中未納入評估對象的使用者角度效率
性以及事業角度的可實現性，此時都可從實際運用的觀點進行評
估。

互動劇本以具體行為的程度進行描述。在這個範例中顯示，
為了達成「正確管理收支」這個目標的副目標「記錄支出金額」
所進行的個別活動，也就是「輸入收據資訊」。劇本中依照時間
順序記載了具體行動，故可評估效率性。

完成三種劇本後，便可根據這三種劇本，製作企畫提案書
（包含使用者要求規格及事業企畫）。

✎ **互動劇本**

使用者資訊

拓也是個健康有活力的大學二年級學生。為了通學而到郊外的大學
工學部外宿。家裡給的金援不多，又得參加社團聚會，因此非常努
力打工。為了避免每到月底就捉襟見肘，必須管理自己的收支。

任務資訊

輸入收據資訊。

劇本

拓也拿出智慧型手機，點選記帳本軟體的圖示以啟動程式。記錄內
容一覽顯示出各個項目的圖表與數值，畫面上顯示目前剩餘的金額
為22700日幣。拓也輕點了「支出」的大按鈕。相機功能啟動，進
入可拍照的狀態。他將相機朝向手上的收據，拍下照片。畫面上顯
示收據圖片，支付金額480日幣部分周圍有細框。拓也點選細框部
分，再從顯示出的選項中點選「午餐」。畫面切換成記錄內容一
覽，他確認了使用過的餐費圖表和數值都增加了。

圖表2.19 **互動劇本的範例**

6 結構化劇本的特徵

根據劇本的設計法，也就是所謂結構化劇本的特徵如下：

- 結構化劇本是透過故事形式的劇本，來創造並表現出使用者的活動行為。
- 為能階段性地整理開發對象之產品、系統、服務，將劇本階層化。
- 將劇本可視化後再進行評估。劇本的記述、可視化，以及評估在結構化劇本上皆為一體，同等重要。
- 各階層劇本的評估觀點分為使用者觀點以及事業角度觀點。除此之外也需評估確認各階層的劇本是否內容一致。
- 使用者角度的評估觀點可對應到易用性的評估觀點（有效性、效率性、滿意度）。
- 劇本的評估觀點可隨專案需要適當變更。
- 若評估結果顯示有不足之處，則需回到評估劇本去進行修正；也就是說，必須反覆進行評估以及反映結果這一連串作業。為了改善劇本描述的提案而進行的評估為中期評估，針對完成後的提案所進行的綜合評估，屬於涵括性的評估。
- 隨著階層往下降，各劇本的數量也會變多。換言之，一個價值劇本可衍生出多個活動劇本，其多樣性係由設想的情境與人物誌相乘所得。此外，一個活動劇本亦可衍生出多個互動劇本。其多樣性係來自為了實現預設任務時、其執行方法的差異。假如考慮多種執行提案，那麼每一種執行的互動都不同，也會產生對應其互動的多種劇本。

2-7 可視化

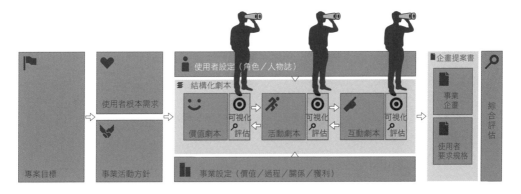

結構化劇本所製作的三種劇本，皆以文字來呈現，但單靠文字敘述，有時不太容易理解。將以文字敘述寫成的劇本，化為草圖或模型等視覺資訊，可幫助專案成員對設計對象的具體意象生成想像、共識，以利評估及進一步發想。以下將針對可視化的兩種觀點，也就是使用者觀點的模型手法，以及事業觀點的商業模式手法，來進行解說。

1 何謂劇本的可視化

「劇本的可視化」是指為使以文字表述的劇本更容易被理解，運用圖示等視覺表現或者模型來表現。經過可視化的劇本，可以用於促進團隊成員對劇本的理解，或適用於提案劇本、評估劇本上。

2 三種劇本的可視化

在使用者體驗願景設計中，需要考量的觀點有「使用者角度的可視化」及「事業角度的可視化」兩種。將這兩種觀點確實地進行可視化，可以促進團隊成員對劇本的理解，並帶來適當的評估結果。

1 使用者角度的可視化（模型）

只靠結構化劇本的文字敘述，很難想像出具體的使用者體

驗。最好能依據價值劇本、活動劇本、互動劇本各自的需求，加以恰當的可視化。

在價值劇本及活動劇本的階層，首先可從活用設計對象的草圖及故事板等手法開始。接著可製作硬體或軟體的簡易模型，以立體、實際尺寸的方式呈現。同時最好能製作行動化調查或使用示意影像，以明確傳達出使用者如何體驗。

互動劇本的可視化，可運用能確認功能操作及使用便利性的模型。此外也需要以PowerPoint製作可表現各任務的圖形使用者介面（GUI）快速模型法，操作及反應部分則製作快速簡易的可動模型以進行確認。

經由上述步驟，可提升結構化劇本的精確度，經過評估階段後，便可開始製作規格書。

② 事業角度的可視化（商業模式）

想要將事業角度加以可視化，描繪事業模式不失為有效方法。特別是在服務業或者運用網路環境的資通訊相關產業，比起單獨成立的產品，以訴諸視覺的方式來說明更為有效。

基本上，事業角度的可視化，是透過從活動劇本所考察出的內容，製作商業模式，不過若能以事業活動方針為基礎，透過事業模式圖（將商業模式，以視覺表達），將滿足使用者根本需求的價值劇本加以可視化，評估起來會更方便。

也就是說，透過事業模式圖，可讓觀者俯瞰結構化劇本中所描述的事業全貌，導出有異於其他可視化的評估結果。

3 使用者角度的可視化（模型）怎麼製作？

進行使用者角度可視化的方法，分為「可視」、「可操作」兩階段。要達到「可視」的目標，可根據劇本，活用草圖、故事板、紙模型、行動化調查等，來表現設計對象。而要達到「可操作」目的，則可依循劇本活用快速模型法。本書將這些可幫助劇本可視化的手法，統稱為「模型」（Prototyping）。

以往進行產品開發時，當設計進行到某種程度後，往往會製作「高完成度的模型」來評估產品性能。事實上，「模型」的定義原本就是「用來表示開發產品或系統時之原型」，是產品量產及系統開發時的基礎。不過以往進行開發時，製作高完成度的模型需要時間與成本，且無法應付大幅度的規格變更和修正，加上礙於開發時程等條件，在模型的製作上往往被迫跟現實妥協。

在使用者體驗願景設計中，為使模型的可視化更加簡便，可

製作「簡易模型」。其目的在於從各種觀點來驗證設計與公司的計畫，並將功能及創意發想化為具體形狀，以利在開發過程的初期階段獲得使用者的反饋。同時，將「簡易模型」納入開發步驟的一部分，也可達到降低專案風險及費用的效果。

在使用者體驗願景設計中，於價值劇本及活動劇本的階層內，形成「簡易模型」的具體手法有「故事板」、「紙模型」、「行動化調查」等方法，而在互動劇本的階層內，則可運用「快速模型」、「圖形使用者介面的快速模型法」、「快速簡易可動模型」等手法（見圖表2.20）。

結構化劇本的階層	使用者角度的可視化手法
價值劇本與活動劇本	故事板
	紙模型
	行動化調查
互動劇本	快速模型法
	圖形使用者介面的快速模型法
	快速簡易可動模型

圖表2.20　使用者角度的可視化手法

1 故事板

故事板就如同劇本的分鏡，運用速寫、插畫、照片、漫畫等形式，以訴諸視覺的方式，表現出故事的推展（見圖表2.21）。故事板可以將劇本的各個情境可視化，其優點在於任誰都能輕鬆

圖表2.21　故事板範例

理解具體狀況。

例如要表現影像時,可利用草圖及文字解說,以視覺化的方式表現出故事的情節與各個情境的內容。另外,如果是使用者介面,不僅是表現情境的草圖及照片,也可運用能顯示出使用者介面本身的草圖或畫面示意圖,更具體地傳達想要給人的印象。

在價值劇本及活動劇本的階層,可運用文字敘述及表現情境的草圖、插畫、漫畫、照片等可視化手法,達到劇本的可視化。此外,在互動劇本的階層內,藉由同時檢討劇本情境之可視化內容以及將具體介面意象可視化後的內容,可設計出考量到情境的介面設計(見圖表2.22)。

聽到電車接近的聲音。感覺到電車聲音的節奏,開始想作曲。

取下手上的手環,用手指輕點,手環便開始記錄節奏。

圖表2.22　表現情境及介面的故事板

製作故事板的步驟如下:
①完成目標使用者的設定以及劇本製作。
②將劇本依照情境以及行動分成數個細部劇本。
③以視覺化的方式表現每個細部劇本的情境,並以文字敘述補充說明。
④在互動劇本的階層內,不僅要做到情境的可視化,還要附上以視覺方式表現的介面(價值劇本及活動劇本多半不需要)。
⑤運用所製作的故事板,來評估劇本。

② 紙模型方法

在設計互動式的產品、系統、服務時,活用紙製模型進行設計及評估作業的手法稱為紙模型方法(見圖表2.23)。

使用方法如下:運用紙模型,找人扮演使用者,在紙製介面上操作現實中預設的課題。紙製操作介面,會隨著扮演使用者的人操作後,再由扮演產品、系統、服務的人驅動,但扮演產品、系統、

服務的人,並不對扮演使用者的人說明該介面的功能及作用。

紙模型方法亦可運用於創意提案、檢討設計、行動化調查、演練法、使用者評估、發表等各種階段。

使用者體驗願景設計中的紙模型,可活用於價值劇本和活動劇本階層內的劇本可視化以及評估劇本時。

紙模型方法的優點,有以下五項:

①利用較少的勞力獲得較多回饋。

②在開發過程的早期階段(投入預算至實際作業之前)即可獲得使用者回饋。

③可促進快速的迭代開發*。

④因不需要技術能力,可促進開發小組內部,或是開發小組與顧客之間的溝通更加活絡。

⑤在產品、系統、服務的過程中,避免將所有的資源集中在一個選擇上,可嘗試並驗證多個提案。

*迭代開發

迭代開發是一種與傳統「瀑布開發」相反的軟體開發過程,它彌補了傳統開發方式中的一些弱點,具有更高的成功率和生產率。

在迭代開發方法中,整個開發工作被組織為一系列短小、固定長度(如3週)的小專案,被稱為一系列的迭代。每一次迭代都包括了需求分析、設計、實現與測試。採用這種方法,開發工作可以在需求被完整地確定之前啟動,並在一次迭代中完成系統的一部分功能或業務邏輯的開發工作。再通過客戶的反饋來細化需求,並開始新一輪的迭代。

 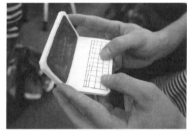

圖表2.23　紙模型的範例

③ 行動化調查

行動化調查是依循使用者劇本,由人來徹底扮演所設計對象之產品、系統、服務的角色,以進行設計檢討、提案及評估之手法(見圖表2.24)。類似的手法還有「紙模型方法」、「角色扮演」(Role Playing),以及「綠野仙蹤」(The Wonderful Wizard of Oz)等。

「紙模型」如前所述,係將設計對象用紙製模型之形式表現,依循劇本內容由扮演使用者的人進行操作,以評估劇本及設計之手法。

「角色扮演」是由多數人分擔扮演與設計對象相關的成員,以求確實體驗、了解設計對象以及相關人士的動作和心情之手法。例如當產品對象為推銷保險時,設計師與機構設計者可分成負責服務的銷售員及被服務的顧客,根據劇本演出推銷時的問答,促進成員們了解各自的角色。

圖表2.24　行動化調查範例

　　「綠野仙蹤」是由人取代機械與電腦等設計對象模型來執行其操作，塑造出模型似乎會自動動作的模型手法。例如在IBM開發「語音輸入打字機」時，就運用了這種手法（見圖表2.25）。首先，要在受試者面前設置麥克風及螢幕，實驗者面前則擺設喇叭及電腦。受試者對著麥克風說出想輸入的文字，實驗者即可透過喇叭聽到受試者說的話，將所聽到的內容以鍵盤輸入後，受試者面前的螢幕便會出現剛才所講的內容。也就是說，對受試者而言，只要透過語音就可以輸入文字。

圖表2.25　聲控打字機的綠野仙蹤應用範例[15]

⑮ 《設計起手式》（*Sketching User Experience*），Bill Buxton, Morgan Kaufmann, 2007。

　　「行動化調查」的優點是可以簡單地將劇本可視化。特別像是服務這類難以用物品型態表現出來的抽象設計對象，也可藉此可視化。此外，設計師及機構設計人員依照劇本親自扮演，也有助於找出新的發現與靈感。

　　在使用者體驗願景設計中，可將「行動化調查」活用於價值劇本及活動劇本等階層的可視化以及評估劇本上。例如在價值劇本的階層中，設計師及機構設計人員依照價值劇本扮演使用者角

色。在活動劇本的階層中，則能將該劇本所需的產品、系統、服務製作成紙模型，依照劇本實施行動化調查。

4 快速模型法

站在人本設計觀點，對使用者反覆提出模型並進行評估的作業相當重要。雖然我們已經知道在迭代開發過程中，於上游製程實施此步驟極為有效，但在上游製程的企劃及發想階段中，並不容易製作正式的模型。不過，近來隨著開發技術的進步，產生了可促使此模型方法更快速實現的手法及工具。在開發的上游製程中運用這些手法及工具，以極快速度製作出簡易的模型，便稱為「快速模型法」。

在使用者體驗願景設計中，此法是運用於互動劇本的可視化及評估階層。根據互動劇本，從初期階段便向使用者反覆提出模型。比方說，現在已經可以運用電腦的3D繪圖技術CAD*，進行產品外觀設計及機構的製圖後，再用「光造型機」或「3D印表機」等立刻產出造型，進行確認、評估。

另外，「圖形使用者介面的快速模型法」及「快速簡易可動模型」，也是快速模型法的代表性手法。

5 圖形使用者介面之快速模型法

圖形使用者介面的模型可利用Adobe Flash或After Effects等應用軟體來模擬製作，不過這些作業多少需要技能及時間。另外還有可以讓任何人都可簡單迅速製作圖形使用者介面模型的方法，稱為「圖形使用者介面的快速模型法」，就是運用PowerPoint的超連結以及PDF的連結功能（見圖表2.26）。

尤其是運用PowerPoint，不僅工具本身平易近人，也很容易製作出各種畫面，可有效製作出快速模型。每個不同任務皆可以PowerPoint製作簡單畫面來表現出操作畫面的互動劇本，並以連結方式表現畫面跳轉，讓劇本評估更加容易。

此外，現在已經有可在PowerPoint中加上微程式（Microprogram），擷取畫面跳轉及其時間、錯誤等操作上的數據記錄（Data Log）的應用軟體，運用這些數據，進行可以圖表評估操作中步驟失誤時產生後退過程或猶豫的時間點之階層圖表分析法（見圖表2.27），可快速有效地進行模型的分析及評估，因此，目前在圖形使用者介面的開發上游製程中，經常使用到這種手法。

＊CAD
（computer aided design）

計算機輔助設計，是利用計算機軟體及其相關的硬體設備，通過強大的圖形處理能力和數值計算能力，幫助工程設計人員進行計算分析、信息存儲、圖形繪製、實物模擬等各項工作的一種技術和方法。

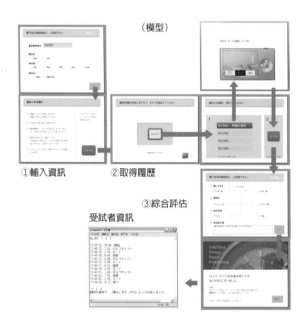

（模型）

① 輸入資訊　　② 取得履歷

③ 綜合評估

受試者資訊

圖表2.26　利用**PowerPoint**製作快速模型的範例

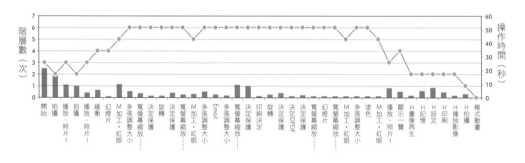

圖表2.27　階層圖表分析範例

6 **簡易可動模型之快速模型法**

　　以往進行產品設計時，會為了確認顏色及形狀而製作模型。
但是大多數的嵌入式機器，光靠顏色及形狀並不足以完成評估，
針對這些需要輸入電源或動力來驅動的機器，會使用導電的簡易
可動模型（Hot Mock-up，見圖表2.28）。

　　簡易可動模型是為了開發、評估易用性進行簡易動作，以確
認其操作及功能所製作的簡易模型。主要的運算處理可透過匯流
排或USB纜線與外部PC進行訊號通信，以寫在微電腦中的特定程
式來驅動。依靠一般泛用型電腦來進行虛擬處理，用來評估操作
和功能的動作模型。

　　此外，除了確認功能，有些時候為了評估形狀和操作性，可

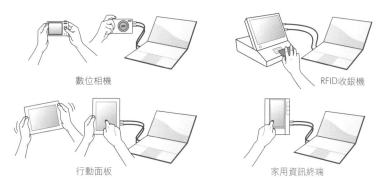

數位相機　　　　　　　　　　　　RFID收銀機

行動面板　　　　　　　　　　　　家用資訊終端

圖表2.28　簡易可動模型之範例

根據形狀的3D資料，以光造型機或3D印表機等簡易製作出接近產品的形狀，並且嵌入開關、感應器、面板等零件，打造出接近實際產品、可操作的虛擬實裝模型，作為簡易可動模型，使評估更接近現實（見圖表2.29）。

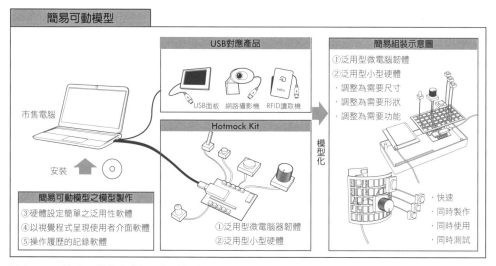

圖表2.29　簡易可動模型（簡易動作模型）的概念圖

這些簡易可動模型跟PC一樣，通常運用具泛用性的既有微電腦套件來製作。既有的微電腦套件有Arduino、Gainar、Phidgets、Hotmock等，各有其特徵，必須依照模型等級和用途、製作者的技術等分別使用。

簡易可動模型的製作，目前仍需要微電腦韌體的知識，還有根據零件已制定規格等進行配線的知識，因此一般產品企畫者或設計師、人因工程家要簡單快速地製作通常並不容易（見圖表2.30~2.32）。

Phidgets   Hotmock

圖表2.30　既有的微電腦套件

圖表2.31　**Phidgets**製作模型範例

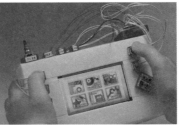

圖表2.32　用簡易可動的手法，製作快速模型

　　有些模型雖然不太接近實裝感，但是可概念性評估操作和功能。今後期待能有適合這些開發人員的簡易可動模型開發工具，為設計師或學習設計的學生，開發出簡易可動模型套件（Hotmock Kit）。

4 事業角度的可視化（商業模式）

1 使用者體驗願景設計中商業模式圖的活用

在使用者體驗願景設計中，產品、系統、服務的事業企畫，必須表現出該事業的特徵。因此，描繪商業模式圖，可有效地將結構化劇本中的事業角度可視化、以明顯易懂的方式說明，並加以評估。

商業模式圖清楚地描繪出活動劇本中所表現出的人物誌及利害關係人、機器、設備、環境，還有提供上述內容的企業及組織之關係，並將事業整體模式化。特別是運用網路環境的資通訊相關服務事業活動中，比起單獨成立的產品，更不容易訴諸視覺方式來說明價值劇本及活動劇本，因此商業模式圖可帶來很大的幫助。

要確實製作出商業模式圖，較容易的方式是根據活動劇本來進行。有時也可根據事業活動方針，將滿足使用者根本需求的價值劇本加以可視化的觀點，來描繪商業模式圖。這種行為可說是提供者為了實現使用者價值，速寫出事業全貌的機制。

如同上述，活用商業模式圖所完成的企畫提案書，有助於從事業的角度解說及評估專案。透過事業模式圖，可以俯瞰結構化劇本所描繪的事業全貌，做出不同於其他可視化的評估。

2 商業模式圖的種類

在使用者體驗願景設計中，商業模式圖可以站在結構化劇本中將事業角度可視化的觀點，進行綜合性描述，但根據專案所設定的主題及事業活動方針，因應事業活動的內容及需求來選擇描述方式，也是種有效率的方法。

描述方式有以下四種：

①作為價值模式圖

簡單地描述價值劇本中所記載的使用者接收到的價值，根據活動劇本的內容進行價值的模式化，因為誰的行為、如何產生，使用者會以什麼形式來享受。

②作為過程模式圖

根據活動劇本的流程，進行過程模式化，考量互動劇本中的步驟，依照時間順序，描繪出產品提供者透過什麼步驟及路徑，提供價值給使用者。

③作為關係模式圖

考量實現價值劇本所需之經營資源，將其間的關係製成關係模式圖，讓事業的所有相關人員及企業、組織的角色更加明確，此外也要描繪出組織與使用者間之關係，畫出相關圖。

④作為獲利模式圖

　　將活動劇本及互動劇本所記載的內容，轉化成獲利模式圖，把提供使用者價值所獲得之對價收益如何回收，記載於該過程之接點。此外，也必須將投資或者需要持續的投入營運成本等經費明載為支出。

　　諸如上述，聚焦於四大重點的商業模式圖，由於目的清楚，既明快也容易評估，因此可有效地在發想階段，便將其事業具特徵的部分可視化、進行評估。一開始可以嘗試著眼於單一重點上來表現。

　　不過，這種個別模式圖並無法描繪出劇本的整體樣貌，最後製作使用者要求規格或者事業企畫時，一定會需要將這些特徵全部整合在一起的綜合性商業模式圖。

③ 以資訊圖表來呈現商業模式圖

　　四種商業模式以及經過整合的商業模式，描繪方法如下：

　　「價值模式圖」是以圖示來配置代表使用者從企業或組織所提供之產品、系統、服務要素，並且以一對一的簡單關係來描繪使用者所得到的價值，和提供方得到報償所獲之價值。

　　「過程模式圖」係將包括結構化劇本中出現的利害關係人等角色之人、物、資訊，還有對價的流動，以可識別其內容差異之箭頭連接，畫成流程圖，了解該價值經由何種步驟和流程交到使用者手中。

　　「關係模式圖」係描繪提供方為了產生該價值，於企業內、企業間需要具備何種關係。描繪出可了解各組織特徵與功能的圖示，以及可了解彼此優點的各個構成要素間關係圖。當然，若為與使用者有直接關係的組織，可明確畫出對使用者的功能。

　　「獲利模式圖」係將接收價值的使用者數、頻率、使用者支付的對價，以及在企業內、企業間產生的投資金額、日常營運成本等數字，記載於過程模式圖中。如果可能，最好依照時間順序來記載數字的變化。

　　根據這四種模式圖，在避免重複的前提下製作進行整合、統整的商業模式圖。此模式圖必須以所需最小限度的資訊，整埋為可一目了然掌握整體全貌。圖表2.33舉了「衣櫃式洗衣機」的綜合商業模式圖作為範例。具體描寫方法，將在2-9單元中用案例詳細解說。

　　像這種構成要素的圖示、代表角色的人、顯示關聯性和流程的線條或箭頭，以及運用數字進行視覺呈現者，即為商業模式圖的資訊圖表。這種圖比僅用文字敘述來表現的商業模式說明，更

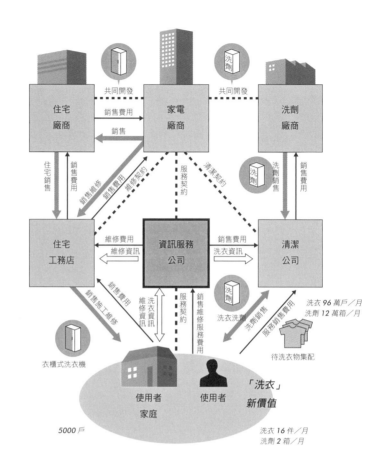

圖表2.33　衣櫃式洗衣機的商業模式圖

容易理解，也更能直覺理解、掌握整體全貌。因此，以這種資訊圖表為前提描繪、評估商業模式圖，對之後的產品開發過程，會帶來極大的影響。

　　上述根據結構化劇本，以資訊圖表來描繪商業模式圖的方法，可以把人人都能理解的企畫提案書之事業角度提案可視化。

④ **商業模式圖的效果**

　　如上述所完成的商業模式圖，重點在於是否依循事業活動方針。在這裡，商業模式必須能從視覺上判斷該結構是否能實現使用者的根本需求。在此前提下，使用者體驗願景設計所評估的商業模式圖，具備以下效果：

　　①製作商業模式圖，可讓重複不同情境和任務而完成的多個
　　　劇本所實現的架構之事業角度更加明確化。

　　②俯瞰劇本整體的事業角度，可發現其矛盾之處或是與價值

提供並無直接相關的硬體、軟體、人性體，進而可以排除
劇本中無謂的部分。

③可發現撰寫劇本時未想到的新組織或架構、或是讓活動更
有效率的流程，甚至是更明確的產品規格。

④由於可顯示以使用者價值為中心所撰寫的劇本中潛在的提
供方事業價值，因此可以預測事業業績，並看出投資種類
以及構成持續事業所需的經費內容，作為嚴密評估事業角
度時之基礎。

⑤將產品使用者與提供產品的企業、合作企業間的關係可視
化，有助於協調經營資源，並且讓合作內容及研究開發的
方向更加明確，以達到有效活用經營資源的目的。

⑥將劇本模式化時，可以研究實際可商業化的部分，還有各
企業、組織對事業整體之關係，因此能夠提高評估可實現
性時的精確度。

由以上可知，從結構化劇本描繪商業模式圖有多種效果，不
管是站在提高企畫提案書可實現性的觀點，或是站在事業角度評
估正確度的觀點來看，商業模式圖都非常重要。

2-8 評估

1 評估的概要和特徵

使用者體驗願景設計在製作劇本的各階層,皆設置了「可視化」和「評估」階段,可在較早階段發現勝算較高的方案,整理出最有效率與效果的提案。因此,在製作劇本的各階層所進行的評估重點是從多個劇本方案中,挑選應進展至下個階層的劇本。

以往產品開發的評估,多半會委託專業評估機構。但是現今的企業競爭激烈,愈來愈講求開發速度與效率,最好能以極快的速度完成設計和評估階段,在短期間內完成使用者滿意度高的產品、系統、服務。

在軟體開發的現場運用敏捷開發*,或是在易用性評估時運用游擊式易用性測試*、調查等手法,期待在適當的時間下,實施簡便、不花太多成本的評估。因此,在使用者體驗願景設計中,從一開始便邀請評估專家一同加入成為專案成員,以便在製作劇本等各階層可進行即時、簡易的評估。

具體的評估如同前文所述,分別從「使用者角度」和「事業角度」來設定評估重點,運用相應的評估手法來進行。

2 從使用者角度的評估

1 評估重點與評估項目

使用者體驗願景設計中,站在使用者角度的評估重點,根據ISO9241-11(5)的易用性定義,設定為「有效性」、「效

*敏捷開發
(Agile development)

是一種應對快速變化之需求的一種開發能力,相對於「非敏捷」,更強調設計師團隊與業務專家之間的緊密合作、面對面的溝通(認為比書面的溝通更有效)、頻繁交付新的設計版本,也更注重軟體開發過程中人的作用。

相比迭代開發,兩者都強調在較短的開發週期提交設計提案,敏捷方法的週期可能更短,也更強調團隊的高度合作,在《Scrum:用一半的時間做兩倍的事》一書中,作者傑夫・薩瑟蘭(Jeff Sutherland)強調,敏捷開發的團隊要「小而美」,因為目標是「不只拿A,還要快速拿A」。

*游擊式易用性測試
(Guerrilla Usability Testing)

Guerrille是游擊隊,顧名思義是裝備輕巧、行動迅速,以擾亂和襲擊的方式在平常不出現的地方出沒攻擊。易用性測試中的游擊式研究,通常經費需求少、又能得到大量的使用者反饋,讓設計者可以非常快速的調整整個設計方向。

率」、「魅力」與「新穎性」等四項。

　　國際標準組織將易用性定義為：「一個產品由特定使用者
於特定使用狀況下為了達成特定目標使用時之有效性、效率，以
及使用者的滿意度。」根據這項定義，使用者體驗願景設計的評
估對象為：是否在「特定利用狀況」下「有效」、「有效率地使
用」，以及是否「帶給使用者高度滿意度」。再者，考量到使用
者體驗願景設計之最終目標為創造願景，因此在形成「滿意度」
的因素中，特別重視「新穎性」和「魅力」這兩項評估重點。

　　另外，在結構化劇本的評估中，因應劇本階層設定了不同的
評估重點（見圖表2.34）。價值劇本著重對應使用者根本需求所
提供的價值，評估重點為「滿意度」，因此，在評估時重視對使
用者而言的「魅力」和「新穎性」。活動劇本重心在實現提供價
值之使用者行動與利用情境、記錄使用者情緒。因此，此時的評
估重點為在某情境中獲得提供價值之行動的「有效性」。互動劇
本詳細記載使用者利用產品、系統、服務達成目標的過程中之行
動，因此評估重點為行動的「效率性」。

　　使用者的目標也會隨著劇本的各階層而變化，例如在價值
劇本階層中使用者的目標為「希望在別人眼中是個有紀律的人」
等，偏重感覺性的描述，在互動劇本階層的目標則會變成「希望
可以迅速有效率地處理操作程序」、「希望可以一步一步確實執
行操作」等，描述內容會更具體。因此，在評估劇本時，需考慮
各階層之使用者目標達成與否，站在使用者的觀點進行評估，從
多個劇本中找到應該繼續進行到下個階層的「勝算較高」劇本。

劇本種類	評估重點
價值劇本	魅力、新穎性（滿意度）
活動劇本	有效性
互動劇本	效率

圖表2.34　結構化劇本之各階層評估重點

　　下頁圖表2.35列出站在使用者角度的代表評估項目，設計團
隊可依據評估階段和評估對象，挑選適當項目來運用。

評估重點	代表評估項目	
魅力	·是否覺得很有魅力 ·是否吻合人物誌的價值觀和生活型態	·是否覺得想要擁有 ·是否符合社會價值觀和時代動向
新穎性	·是否具備新穎性 ·是否帶來新體驗	·是否具備新功能 ·是否想使用
有效性	·是否有用 ·是否方便 ·是否覺得功能、性能恰當	·是否覺得可用 ·是否價格合理
效率	·是否可簡單使用 ·是否好懂 ·是否能快速完成	·是否不會對身心帶來負擔 ·是否符合人物誌生理特性 ·是否符合人物誌身體特性

圖表2.35　站在使用者角度之評估重點

② 評估手法

評估運用人因工程學或工業工程（Industrial Engineering, IE）、認知科學方法等一般調查分析手法。結構化劇本和模型等之評估所運用的主要手法，有提問手法、觀察手法、實驗手法等（見圖表2.36）。

⑯ 聯合分析（Conjoint Analysis，也稱交互分析）是指針對產品、系統、服務具備的多種價值要素，從統計觀點來觀察使用者重視何者、最喜歡何者的調查分析手法。

⑰ 上下層關係分析法是指根據小組訪談等所得的資訊為線索，推測、發現使用者行動動機、使用者所追求的本質，從分析者洞察中獲得資訊的分析手法，詳情可參見圖表2.7。

⑱ 方格法（Repertory Grid Technique）是指根據個人建構理論（使用者獲得之理解、判斷的機制），掌握認知結構的手法。方格法能透過個人的意義區分行為，呈現出個人內心所建構的知識世界觀點，由此確定個人的知識架構。要進行方格法分析之前，訪談所用的提問法即是階梯法。

類別	評估手法
提問手法	·問卷調查＋分析手法（多變量分析〔參照第25頁〕等、聯合分析⑯等） ·焦點小組訪談＋分析手法（發言內容分析、上下層關係分析法⑰等） ·深度訪談＋分析手法（方格法⑱等） ·配對比較法
觀察手法	·專家之民族誌評估 ·專家之捷思法評估（洞察法） ·認知演練 ·檢驗法（參照第26頁） ·計畫書分析
實驗手法	·易用性測試（參照第25頁）＋生理指標分析 ·感官評估（參照第25頁） ·任務分析（參照第25頁） ·動作區域、動作分析 ·視野、視線分析 ·市場測試、實證實驗

圖表2.36　評估手法

提問手法基本上是一種詢問使用者的手法。對使用者進行提問後所得的資訊或結果，係以使用者所認知的內容為中心。但是要開發新產品、系統、服務，重點是盡早知道使用者尚未體察到的潛在需求與課題（內隱知識），進行新的提案。

評估使用者體驗願景設計所導出的各種提案時，重要的是引導出使用者的潛在需求和課題。為此，必須由專家來評估，觀察使用者的言行舉止（民族誌）、找出使用者自己尚未體察到的潛在需求和課題。此外，提問手法也需下工夫來挖掘出使用者潛在需求和課題，並且運用統計分析手法，來找出這些需求和課題。

另外，實驗手法可客觀評估與人的身體特性和生理特性之關係，從各種角度定量取得市場和使用者的反應，若能充實地蒐集

評估資訊，對專案後期工程將具備可提供設計資料和品質檢查基準等優點。另一方面，由於需要耗費時間和費用，必須事前確認時程和預算。

像上述這樣，理解評估手法的特徵和手法後擬定評估計畫，非常重要。

③ **評估步驟**

在使用者體驗願景設計中，易用性工程師等人員，從一開始便參與成為專案成員的評估專家。因此，可以以這些成員為中心，在撰寫劇本的各階層即時且有效率地進行評估。

此外，在實施評估作業時，重要的是運用之前敘述的「評估重點」和「評估手法」，不要忘記經常從使用者的眼光來看評估對象。具體來說，可以依照以下步驟進行：

①設定評估過程

　依照專案計畫，明確訂出評估時間點以及實施計畫。

②設定評估用之檢討會

- 設定成員。
- 將權責明確化。
- 即時地設定檢討會。

③評估手法的設定以及評估的實施

- 將評估對象和評估重點明確化。
- 設定評估手法及評估者。
- 進行評估作業。
- 報告評估結果。

④回饋評估結果

- 根據評估結果，決定進入下個階段的劇本。
- 指出改善點，修正劇本或模型。

3 從事業角度的評估

① **評估重點與評估項目**

站在事業角度的評估項目，有許多不同的評估重點。舉例來說有：是否依循企業領域或事業方針、品牌願景，是否能確立為一門事業，可否運用該企業握有的技術或資源，是否考慮到環境問題，是否為人人皆能使用的通用設計等。

從上述這些例子也可以了解，站在事業角度的評估，重點在於專案起始時，就事先確認的「事業領域」、「事業環境」、「經營資源」（通路、知識、資訊、資金等）、「事業策略」、

「目標使用者」、「對使用者提供之價值」等所描繪的劇本或模型、商業模式等是否有效。具體評估重點，有以下項目：

①事業「策略性」相關評估

②事業「事業性」相關評估

③事業「市場性」相關評估

④「可實現性」相關評估

⑤「社會性」相關評估

以下圖表2.37顯示各評估重點之具體評估項目。針對目前描繪的劇本或模型、商業模式設定評估項目，實施評估。

評估重點	代表評估項目
策略性	・是否符合經營方針或事業方針 ・是否符合品牌願景
事業性	・作為一門事業是否可以獲利 ・與企業握有之經營資源是否相符
市場性	・是否具備值得參與的足夠市場規模 ・參與市場的成長性和收益性是否值得期待 ・是否能被市場接受
可實現性	・是否能以企業握有之技術來實現 ・何時才能實現 ・是否能運用現有通路或經銷商 ・是否能在預算內實現
社會性	・是否符合法令規定 ・是否考量到企業社會責任（CSR）、環境 ・是否為通用設計 ・是否考慮到安心、安全

圖表2.37　事業角度的評估重點

2 **評估步驟**

實際的劇本評估，可以依照以下步驟進行：

①設定評估過程

* 依照專案計畫，明確訂出評估時間點以及實施計畫。

②設定評估用之檢討會

* 設定成員。

* 將權責明確化。

* 即時地設定檢討會。

③評估手法的設定以及評估的實施

使用者體驗願景設計的前提，是有能站在事業觀點進行評估的專家參與評估作業，因此會以該成員為中心進行評估。這些評估討論，會在撰寫劇本的各階層即時地實施，從各種角度，將與事業相關的構成要素明確化，並檢討商業模式。

④回饋評估結果

* 根據評估結果，決定進入下個階段的劇本。

* 指出改善點，修正商業模式。

2-9 企畫提案書

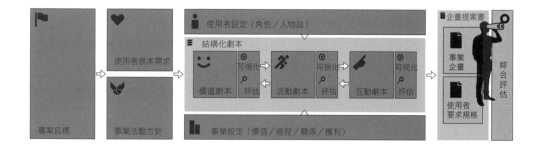

本單元將說明的階段是從結構化劇本中導出「使用者要求規格」和「事業企畫」，整理出人本思維的企畫提案，以及根據對企畫提案的綜合評估及其結果進行回饋，完成使用者體驗願景設計的最後成果「企畫提案書」。另外，本單元也將概略解釋如何根據企畫提案書製作產品、系統、服務的設計規格之後製程序。

1 企畫提案書的概要及特徵

前面階段所完成的劇本中，已能呈現因應使用者根本需求的各種創意，同時也完成了對這些點子的評估。在企畫提案書的階段，須以這些劇本為基礎，整理出針對產品、系統、服務的使用者要求規格。

此外，也必須研究提供產品、系統、服務的商業模式，擬定綜合性事業企畫。此階段的目標為對完成的使用者要求規格和事業企畫實施綜合性評估。

根據此階段的基礎，對後製程的設計工程，可以提出有效率且有效果的企畫提案書內容。

另外，根據此階段的基礎，設計師或事業企畫師等專案成員，可以具體落實最終的產品、系統、服務，以及寄託於事業上的「人本思維的關鍵重點」、「跟以往事業的市場區隔重點和新穎性、魅力」等愉悅感受。

2 從劇本到使用者要求規格

① 結構化劇本和使用案例

結構化劇本中存在可回應使用者根本需求的各種想法。比方說，活動劇本裡描繪了使用產品、系統、服務的情境，綜合記載了必要功能和使用環境、使用者利用時的狀況。因此，可以運用活動劇本，找出產品、系統、服務的功能要件。

此外，互動劇本中具體記述了產品、系統、服務和使用者的互動關係。因此，可以從互動劇本中找出實現功能的操作類要件和使用者介面之要件等。結構化劇本就像這樣，包含了許多與產品、系統、服務規格相關的資訊。

另外，結構化劇本與其他設計方法所使用的標準標示法親和性高，可與其他手法組合，有效率地推動設計之規格化。在此說明其與「使用案例圖」（Use-case diagram）的對應。「使用案例圖」是描繪使用者和系統之間的互動關係、以掌握功能要求的手法。

「使用案例圖」是統一建模語言（UML）*的標準圖形之一，經常用於軟體設計領域中。為了導入產品、系統、服務的要求規格，將使用案例圖與結構化劇本一起搭配使用，可更有效率地達到可落實的規格開發。例如可以將結構化劇本導入開發上游工程，生成產品、系統、服務的新願景，然後將該成果轉換為UML應用於開發工程中。此時結構化劇本便成了導出UML的根據，劇本也可運用於設計活動中，作為輔助UML之抽象表現的具體範例。

② 使用者要求規格之研究例

以下試舉具體案例，從結構化劇本的互動劇本，來研究衣櫃式洗衣機與其合作服務之使用者要求規格。

圖表2.38顯示了導出洗衣機要求規格之使用案例圖全貌。要明確訂出使用者要求規格，首先必須區隔出開發對象之系統和動作者之間的界線。在這個範例中，開發對象為「衣櫃式洗衣機和合作服務」，將利用者和外部清潔服務事業者，定位為系統外部的動作者。系統內部以寫有名稱的框，來標記系統進行的使用案例。

系統界線內的各使用案例，係根據互動劇本所記述的任務來擷取。在洗衣機的例子中，從任務的系列中製作了一個互動劇本（參照互動劇本模板填寫範例，見第146頁圖表3.11）。具體的任務有以下五項：①放進衣服、②設定洗衣行程、③取出衣服、④發現有沒洗乾淨的衣物、⑤委託外部服務。

在這當中，開發對象系統和動作者之資訊和命令等往來的任務，便相當於使用案例，上述五個項目即為系統和動作者的互

*統一建模語言（Unified Modeling Language, UML）

最早是在1997年，由物件管理協會（Object Management Group, OMG）提出。

「建模」的意思就是以圖形的方式，先將系統的功能與結構畫成模型與藍圖，然後再依據藍圖進行實體開發。UML帶給IT技術人員長久以來所需要的一個統一的標準建模表示法，利用UML，IT技術人員能夠閱讀、傳達系統組織構架還有設計圖面，就像是建築工人多年以來使用建築物的藍圖施工一樣。

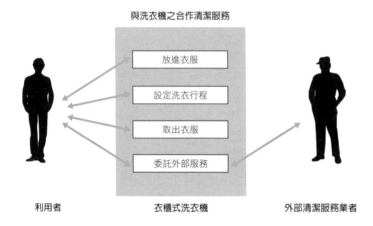

與洗衣機之合作清潔服務

放進衣服

設定洗衣行程

取出衣服

委託外部服務

利用者　　　　　　衣櫃式洗衣機　　　　外部清潔服務業者

圖表2.38　衣櫃式洗衣機案例中之使用案例

動。因此，將這些作為使用案例配置在系統內，並以箭頭顯示系統與動作者的互動。

　　接著，便能製作每個任務的具體「使用案例描述」。使用案例描述在撰寫互動劇本的過程中已經具體化了。例如相當於①放進衣服的互動劇本，便是「裕介打開衣櫃型洗衣機的門，從裡面拿出專用衣架，將上衣和領帶分別掛好，掛在裡面的掛鉤上」。可以從互動劇本製作使用案例描述。

　　結構化劇本是從使用者的觀點來製作，所以會以人物誌（在這個例子裡為裕介）為主詞來製作。另一方面，系統負責的動作記述並不明確。因此在製作使用案例描述的階段，會視需要將系統負責的動作具體化、加入描述當中。另外也會視需要將操作對象抽象化。重複這些步驟，統整使用案例描述的等級。

　　圖表2.39試著以「①放進衣服」為例，來撰寫使用案例描述。

　　主順序1、3、5是從對應之互動劇本所導出的項目。在這裡將主詞由「裕介」抽象化為「利用者」。同樣的，也將「上衣和領帶」抽象化為「衣服」。這些都是為了統一使用案例描述中的抽象程度。

　　主順序2、4、6～9具體地描述了系統進行的動作，為新追加的項目。項目6和9為對應「②設定洗衣行程」之互動劇本開頭部分「關上門後確認門的操作面板上顯示『上衣：1』、『領帶：1』」，並將之分隔追加。這些功能上的分割或整合，需根據設計者的知識和經驗來進行。

　　代替順序中記載在主順序中的失敗狀況或者例外狀況所產生的動作。此部分的記述往往不會記載為互動劇本，在進行規格化時，必須要設想實際開發過程，追加這些不足部分。經過以上步驟，來製作使用案例描述。

名稱：放進衣服

目的：接收新衣服，如可以受理則受理。

啓動者：利用者

受益者：利用者

主順序：
1. 利用者打開洗衣機門。
2. 系統偵測出門的開啟狀態，點亮衣櫃內的照明。
3. 利用者從衣櫃中取出專用衣架。
4. 系統靠掛鉤和衣架的感應器偵測出取出衣架的位置。
5. 利用者將衣服各自掛上衣架，掛在裡面的掛鉤上。
6. 利用者關上門。
7. 系統偵測出門的關閉狀態，關掉衣櫃內的照明。
8. 系統靠掛鉤和衣架的感應器，估算吊掛的衣服。
9. 系統重新顯示掛在衣櫃內之衣服的種類和位置。

代替順序：
a. 在8中判斷沒有吊掛衣服時。
　a1. 系統顯示衣櫃內沒有重新吊掛的衣服。
　a2. 回到主順序1。
b. 在8中判斷吊掛衣服超過容許量時。
　b1. 系統顯示超過容許量。
　b2. 回到主順序1.。
c. 在8中顯示衣服種類錯誤時。
　c1. 利用者選擇了錯誤的衣服顯示，輸入正確種類。
　c2. 系統顯示輸入衣服的種類跟位置。
　c3. 回到主順序1。

圖表2.39　使用案例描述範例

　　這樣的步驟也可針對其他活動情境展開，可從結構化劇本整理出使用者要求規格全貌。這種使用者要求規格的全貌，即是使用者體驗願景設計的最後成果。

3 從劇本到事業企畫

1 結構化劇本與商業模式

　　結構化劇本中記述了構成事業的各種要素及其關聯性。例如價值劇本中描述提供者滿足使用者根本需求的事業活動方針，活動劇本中描繪的則是構成事業的要素及其間的關聯性和整體流程。此外，在互動劇本中也記載了關於如何回收提供給使用者之價值的對價等相關想法。因此，透過整體結構化劇本，可以構成事業全貌，進行有系統的梳理、模式化，整理出商業模式。

　　具體建構商業模式時，係根據「2-5事業設定」中所描述的以下四個觀點，來檢討構成事業要素的關聯性，整理出綜合化這些觀點的商業模式：
　　①確定價值提供的架構（價值模式化）
　　②描繪價值提供的過程（過程模式化）

③描繪事業要素的關聯性（關係模式化）

④描繪獲利架構（獲利模式化）

2　事業企畫的檢討案例

　　以下試舉具體案例，思考衣櫃式洗衣機相關的商業模式的研究過程。以步驟來說，首先要描繪出事業的要素。接著在此要素中加入使用者，描繪各自的連結和價值流動。接著在這些關係中填入數字。在這個步驟中，也製作關係模式和過程模式。另外，這些商業模式圖如同「2-7可視化」所述，係運用資訊圖表的手法進行可視化。

　　①找出事業構成要素，描繪關係模式

　　從活動、互動劇本的記述中檢討、找出令提供使用者價值能夠成立所需的企業、組織、功能。例如提供使用者價值的企業、合作企業、與使用者接觸的據點、製造據點以及進一步需要的資訊、設備、服務等，檢討各種事業構成要素和其關聯性，描繪得愈具體愈好。

　　圖表2.40顯示從「衣櫃式洗衣機」的劇本著手，撰寫出與事業相關的構成要素，記載各構成要素間的關聯性和角色、與使用者的關係等簡易的關係模式。在這個時候，必須釐清需要具備何種功能之企業或據點，其關聯性為何，與使用者的關係為何等。

　　接著，再尋找出出現在結構化劇本中的使用者和與其接觸的角色。假如使用者存在多種特徵，則描繪出所有特徵的人物誌。尤其是提供給使用者之價值為源於人性體的服務時，應配合活動劇本的各個情境來書寫利害關係人，表現出利害關係人的設定還有與使用者的關聯。在「衣櫃式洗衣機」的案例中，因為源於人性體提供服務的部分較少，所以沒有太多描繪人的部分。

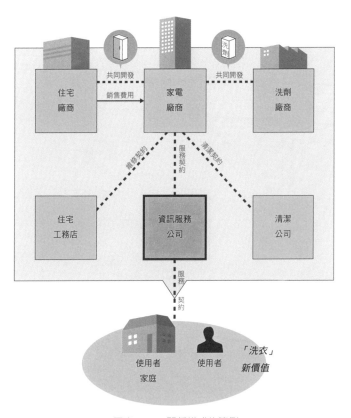

圖表2.40　關係模式的範例

　　②描繪思考人與資訊間流動的過程模式

　　結構化劇本中，在活動劇本的情境和互動劇本的任務裡，記載了使用者的新體驗、感受之相關想法。思考事業企畫時，必須研擬出實現這些想法的架構。因此，必須確立起構成要素間的連結，以及如何將價值提供給使用者的流程。

　　此時應描繪如何活用經營資源做出產品，如何透過許多據點和利害關係人提供產品。具體來説，必須描繪以產品或消耗品等物流為中心的物品動線、由人所提供之服務動線、以及作為對價返還之金錢動線。

　　接著，必須描繪出伴隨上述之服務資訊或者金錢的支付資訊、提供者提供的資訊或者使用者發出的資訊等動線。在這個範例中，為了順利實現「衣櫃式洗衣機」的活動劇本，設置了可統一管理資訊和對價的資訊服務公司，試著加入從劇本裡看不出來的服務，推展出過程模式（見圖表2.41）。

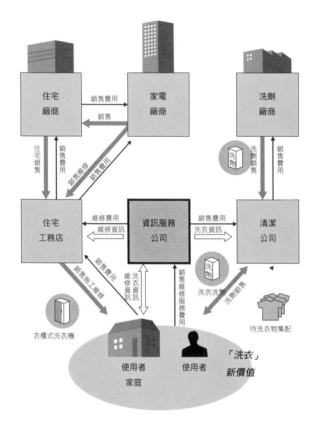

圖表2.41　過程模式範例

③有別於劇本，研究市場預測和財務預測等，描繪商業模式

在現有的商業模式中，填入預測之使用者數、銷售台數、利用次數、單價、一開始投入的經費（初期成本）和持續性經費（營運成本）等，在事業推展中可能出現的數字。

此時應計算出實現活動劇本、互動劇本時，事業大獲成功時的數值和可維持營運程度的數值。記載實現這些事業所需的設備投資金額與人力投資金額，有助於從經營資源角度來評估該模式。

　　圖表2.42的「衣櫃式洗衣機」範例中，顯示了整理之前各模式所呈現的綜合商業模式，釐清了構成要素和相關人員，描繪各要素之間的流程，讓成本投資明確化，確立了商業模式。

　　藉由這樣的表現可以清楚描繪出簡明易懂、可掌握全貌的商業模式。

　　根據以上步驟，可從結構化劇本描繪出商業模式，在此商業模式和檢討過程中整理出的市場預測和業績、財報預測等事業企畫，即為最後成果。

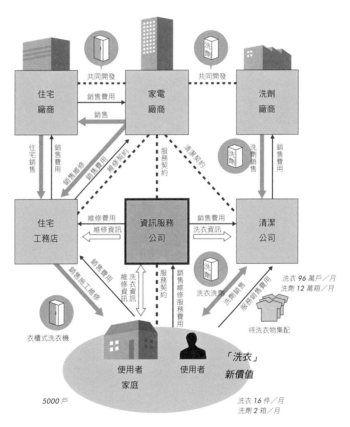

圖表2.42　商業模式範例

4 企畫提案書的綜合評估

1 綜合評估的目的和評估觀點

綜合評估是針對構成企畫提案書的使用者要求規格和事業企畫，以及將其可視化的模型或商業模式等，進行評估、驗證。

在此企畫提案書的綜合評估中，必須將重點放在企畫提案的事業價值上，例如模型或商業模式是否達成專案初始的目的，是否給事業帶來獲利等。因此評估觀點必須以「2-8評估」中事業角度的五個評估觀點為主，再加上使用者角度的四個評估觀點，進行綜合設定。

2 綜合評估的手法

模型的評估可組合「2-8評估」所解說的各種評估手法來運用。具體來說可能有外觀模型的評估、使用者介面的評估，或者針對前所未有之全新模型、衍生類別的模型等，因應評估對象的類型和內容來挑選評估手法、建構評估過程。

比方說，假設是衍生類別的新使用者介面模型，一般來說必須進行專家的捷思法評估和認知演練等定性評估。定性評估的結果，假使需要進一步的使用者評估，則可運用易用性測試（性能測試等）或問卷調查這類實驗手法和定量評估手法，更詳細地進行。以下圖表2.43列舉出評估對象與評估手法的選項，以供參考。

種類	新穎類型、全新產品	衍生自既有產品的變化
外觀模型	・使用者評估 ・問卷調查 ・焦點小組訪談	・專家之捷思法評估 ・使用者評估
使用者介面模型	・虛擬使用者介面（UI）之使用者評估 ・計畫書分析 ・性能測試	・專家之捷思法評估 ・認知演練評估 ・檢驗法
系統	・專家之捷思法評估 ・檢驗法（參照第25頁） ・任務分析（參照第26頁） ・動作區域、動作分析 ・視野視線分析	・專家之捷思法評估 ・認知演練評估 ・檢驗法
服務	・專家之捷思法評估 ・市場測試 ・實證實驗	・專家之捷思法評估

圖表2.43　評估對象與評估手法

另外，在商業模式的評估中，還會運用投資組合分析、SWOT分析（參照第53頁）等經營分析手法，有效率且簡單地實施評估。如同在「2-5事業設定」中所述，商業模式係綜合了事業構成要素的關聯性，這是一種「產生獲利的機制」，該模式共有「價值模式」、「過程模式」、「關係模式」與「獲利模式」四

種。在此應評估這些模式是否發揮功能、產生獲利。

③ 綜合評估步驟

實際的綜合評估，可以依照以下步驟進行。

①設定綜合評估過程

• 依照專案計畫，明確訂出綜合評估的時程以及費用。

②設置、舉辦進行綜合評估之「綜合評估會議」

• 設定成員。

• 將權責明確化。

• 即時地舉辦。

• 以能從事業觀點評估的專家為中心，進行討論。

• 從各種角度進行模擬。也必須花費時間和費用實施測試行銷等活動，評估市場反應。

③回饋評估結果

• 根據綜合評估結果，修正使用者要求規格。

• 根據綜合評估結果，修正事業企畫。

5 從企畫提案書到設計規格、銷售規格

在願景提案設計法中，進行產品、系統、服務的實體開發時，從使用者要求規格或事業企畫的形式，並不容易進行具體硬體設計或軟體開發。因此，通常會以導出的使用者要求規格為基礎，製作開發產品、系統、服務之用的設計規格。

具體來說，必須製作出硬體規格、軟體規格、服務規格等。同時也需要推展出銷售企畫規格、銷售規格、專案成員的教育企畫等，實施事業時所需的各種規格。

這些步驟屬於使用者體驗願景設計處理之對象過程的後製程，因此在本書中並不詳述，不過，以下簡單整理出依循人本設計製作各種規格書時的概要。

① 製作硬體規格

製作硬體規格時，需要從使用者要求規格中找出裝置中之硬體核心規格。找出實現使用者要求規格所需的輸入系統裝置或者操作工具，同時也要找出需要何種輸出系統的裝置，整理出構成硬體的使用者介面、架構，進行硬體的操作系統整體規格化。

接著，進行產品開發的最後階段時，要根據設定使用者之價值觀和生活型態進行調整，設定點綴其外觀的CMF（色彩、材質、加工）規格，完成產品設計。

2 **製作軟體規格**

　　製作軟體規格，需運用使用者要求規格，確立起使用者和產品間進行的具體操作之溝通，也就是操作序列，整理出畫面遷移規格（見圖表2.44），並且定義、設定各畫面需要的操作要素和顯示資訊。同時，軟體規格也需要定義這些操作要素的操作方法，例如是以滑鼠操作或者以觸控方式操作，在畫面上設定出最適合該操作方法的尺寸和區域。

　　開列軟體規格時，也需要考慮顯示資訊的視認性（指標示上的字級大小及顏色等設計，是否可以被使用者注意到）、每個畫面中的資訊量、每個畫面內的視線和操作經過等各種要因，製作畫面的線框（見圖表2.45）。針對構成操作序列的所有畫面進行

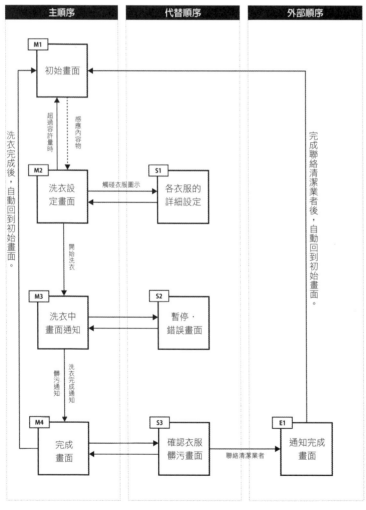

圖表2.44　軟體操作順序範例

畫面尺寸：7吋（142.2mm x 106.7mm）
操作方法：觸控操作

圖表2.45　軟體畫面線框範例

這些作業，製作出軟體的使用者介面規格。在進行產品畫面開發的最後階段時，設定的線框應考慮設定使用者的人性特質、價值觀，以及實際使用環境，進行具體圖形使用者介面設計。

③ 製作服務規格、銷售規格等

運用使用者要求規格和事業企畫，製作使用者和產品間發生的維修、運用服務和其他支援服務的相關規格書。圖表2.46是維護、維修服務規格書，構成項目的範例。

此外，為了具體實行事業企畫上所記載的事業，必須製作銷售規格等，但製作時需運用事業企畫中所整理的四個模式。例如從利潤模式中將產品、系統、服務的價格和提供方法具體化，運用過程模式將提供產品、系統、服務的過程規格化。另外，還可從獲利模式中讓事業的時程和獲利相關計畫明確化。諸如上述，運用各商業模式圖來製作行銷規格以及銷售規格。

1. 概要
2. 服務要領
3. 據點、人員
4. 維修
5. 保證
6. 費用
7. 零件、機材
8. 各種編碼
9. 初期流動管理
10. 軟體公布
11. 制約事項
12. 附件資料

圖表2.46　維護、維修規格書的構成範例

3 實踐

PRACTICE

使用者體驗願景設計的實踐

第三部將解說使用者體驗願景設計所準備的八種模板及其使用方法，
以及實際案例等活用、運用方法。
要留意的是，本書所介紹的模板只是雛形，
運用上仍須因應專案的目標及特性，做最適當的調整。

 3-1 使用者體驗願景設計的活用

在說明每個模板、使用方法跟案例之前，本單元會先簡單描述一下因產品、系統、服務的不同，其手法展開的方式及各自的重點，以及能夠呼應專案目標的使用者體驗願景設計之活用及運用方法。

1 使用者體驗願景設計的活用方法

使用者體驗願景設計的活用，有以下幾個重點。

1 活用模板

運用使用者體驗願景設計時，在手法開發過程中，我們研究過許多種模板。「3-2使用者體驗願景設計的模板」以及「3-3模板填寫範例」這兩個單元中說明，熟練使用各種模板，能夠更有效率地導出體驗願景。

模板的活用，大略可分為三個階段：第一階段進行專案目標設定，第二階段是使用者體驗願景設計的核心，也就是整合結構化劇本所需的人力資訊，第三階段則是活用結構化劇本後，創造出能為使用者提供價值的創意。

當然，書中提供的模板僅是一種標準。可以因專案的目標跟使用者觀點、商業觀點等各種原因，客製部分模板以供使用。

2 簡易的推展方法

第二部已經解說過從專案的目標設定，到使用者要求規格及事業企畫等流程，然而，在實務上，使用者體驗願景設計並不需要遵循所有項目來進行，可以綜合考量專案的目標及預算、可用時間跟成員經驗等，只擷取所需手法來運用。

如果我們已經知道使用者的根本需求，接下來的課題便是如何具體地提案新的產品、系統、服務。像這樣的狀況，便可從價值劇本開始發想。另外，假如我們已經決定好產品、系統、服務，接下來的問題則是該提供何種特徵的新功能，或是該使用哪種介面來具體實行。這時也可以從活動劇本開始推展。

③ **依照不同專案來發展**

使用者體驗願景設計的適用範圍，基本上不拘泥於產品、系統、服務的分類，也可活用在新教育課程的開發上。

例如較為單純的硬體產品，就不一定需要互動劇本，視狀況也可從活動劇本開始，直接記載產品規格。

另外，軟體產品也可以根據從價值劇本構思的創意，直接記述互動劇本。

同樣是網站服務，有時也可以在推展價值劇本後直接寫出互動劇本，思考新的介面；也可能直接根據使用者根本需求寫出特定網站的活動劇本。

若是需要人手的勞務類服務，那麼使用者體驗願景設計的產出，就不會是產品、系統、服務的規格書，而是操作手冊或說明書。

④ **工作坊的活用**

為了學習使用者體驗願景設計，比起課堂教學，舉行工作坊更能加快實際操作速度。若工作坊的時間充裕，當然可以依照順序實習，倘若時間不夠，建議可以準備人物誌或訪談資料等，導出根本需求，並配合事業資訊來記述各個劇本。

但無論哪種狀況，最重要的還是來自不同專業觀點的評估工作。因此，評估的重點在於：要盡量集結不同部門的成員來進行。

2 使用者體驗願景設計的運用方法

使用者體驗願景設計的運用有以下幾個重點。

① **成員與分工**

實行願景提案設計手法時，最好和人本設計法一樣分組進行。成員除了人本設計專家，還應該有行銷、商品企劃、設計（UI、UX、產品）、開發、銷售、服務、操作手冊、品質保證等部門（見圖表3.1）。

就分工上來說，例如事業資訊由行銷專員來負責，可視化部分由設計師來負責等，由各種專業領域的人來分擔角色最為理想。但人物誌或使用者根本需求、劇本評估等，基於資訊共享的觀點，應盡量由小組全體成員一起進行。另外，小組的成員構成，應該根據專案的規模及目標來決定，特別是進行評估時，最好讓使用者也參與其中。

支持並推動整體專案負責人的角色，最好是非常理解使用者體

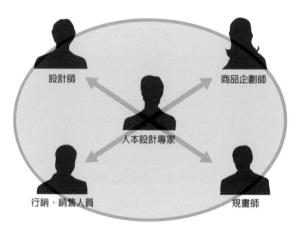

圖表3.1　使用者體驗願景設計的團隊編制圖

驗願景設計的人本設計專家，但如果所有成員都能理解此手法，且
能做到充分資訊共享，那麼每位成員都可以擔任這個整合的角色。

2 重複由發想至發散、由評估至聚焦的步驟

推展使用者體驗願景設計時，記述內容是由結構化劇本中
的價值劇本到活動劇本，再由活動劇本到互動劇本。針對所有情
境及任務推展劇本，需要花較多時間。此時的重點在於從使用者
觀點、事業觀點，進行劇本的可視化，以及透過可視化劇本的評
估，挑選出有力想法（勝算高者）。挑選出的情境及任務，必須
在下一個階段更具體地加以推展，需要發散及收斂。有時候也需
要在各劇本間來回、進一步精緻化。

在重複發想與可視化、評估的過程中，與其花時間追求精緻
化，不如以敏捷開發的方式，從開發的最上游工程以簡便方案重
複多次步驟，較有效果。

3 追加與加重劇本之評估項目

在評估價值、活動與互動劇本時，可配合專案目標、人物誌
目標來追加評估項目，或改變評估比重。

例如主要目的是提供從未有過的新服務時，新穎性的比重便
會增加。另外，若想提供的服務是活用自家公司目前事業體的優
勢，則策略性及事業性的比重使可考慮增加。依據專案目標的不
同，也可以考慮追加模板中沒有的評估項目。

4 結合定量手法

使用者體驗願景設計的主體是定性手法（質性研究）。因

此，或許很難據此說服依據定量數值做判斷的部門。此時結合記述劇本及可視化內容的使用者接受度等之問卷調查、分析等定量手法一併運用，是有效的手法。

5 累積成功經驗，創組實踐團隊

能以團隊來實踐使用者體驗願景設計當然最理想，但一開始就集結相關部門的成員編制成團隊，執行上或許會有困難。首先應降低困難度，選出最低限度所需的成員，無論成果大小，藉由累積成功經驗，逐步讓其他部門參與，才是最重要的。只要周圍的人開始關心這個手法，參與的意願也會跟著提高。

 3-2 使用者體驗願景設計的模板

以下將說明為使用者體驗願景設計準備的模板之使用方法。
藉由活用模板，可以讓初次組成的團隊較容易地進行。

1 使用者體驗願景設計的架構與模板

使用者體驗願景設計有以下八種模板，可以活用其設計過
程。

①專案目標模板 ―――――――――――――― ⚑
②使用者根本需求模板 ――――――――――― ♥
③事業活動方針模板 ――――――――――――
④人物誌模板 ――――――――――――――――
⑤價值劇本模板 ―――――――――――――――
⑥活動劇本模板 ―――――――――――――――
⑦互動劇本模板 ―――――――――――――――
⑧體驗願景模板 ―――――――――――――――

當模板與使用者體驗型手法架構中相符的因素重疊時，即可
看出各自的定位（見圖表3.2）。使用模板從架構的左邊往右邊進
行，最後便可輸出討論使用者要求規格和事業企畫之用的資訊。

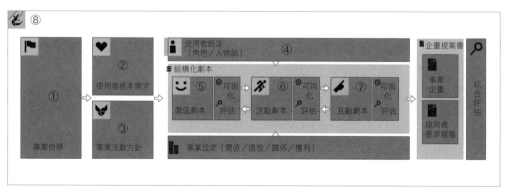

圖表3.2　架構與模板的關係

🚩 模板①專案目標

🚩 專案目標	製作者			製作日期	年	月	日	流水編號	
	標題								

概念
目的：
成果：
對使用者的價值：
利害關係人：
限制（時間、成本、經營方針等）：

基本資訊
對象使用者資訊：
事業資訊：
技術資訊：

目標
使用者目標（假設）：
事業目標：

活動內容與時程

整體開發時間表																									
開始企畫開發																									
企畫提案書																									
設計完成																									
銷售、服務進駐																									

專案與時程																									
專案目標																									
使用者根本需求																									
事業活動方針																									
使用者設定																									
事業設定																									
結構化劇本																									
價值劇本																									
活動劇本																									
互動劇本																									
企畫提案書																									
使用者要求規格																									
事業企畫																									

成員	預算和預算計畫
組長：	預算（依據WBS各項目的報價）
評估團隊：	
開發團隊：	
事業企畫團隊：	預算計畫
使用者：	人事費：
其他：	資材費：
	外包費：
	預備費：

　　設定專案目標是最初的程序。專案的概要、基本資訊、目標、活動內容與時間表、成員、預算與預算計畫，必須從使用者及事業兩種觀點來整合。

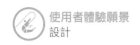
♥ 模板②使用者根本需求

♥ 使用者根本需求	製作者		製作日期	年　　月　　日	流水編號	
	標題					

使用者根本需求

（最上層需求）

▲

使用者的行為目標

（中層需求）

▲

使用者現象

（基本需求）

（從訪談觀察）
　半結構化訪談等
（從行為觀察）
　影像日誌法、訪談法等
（從內省觀察）
　圖片故事法等

　　從使用者資訊了解使用者需求，並進行階段性分析，便可釐清使用者根本需求。一開始從訪談或觀察、內省調查中得到的使用者事例，應放在最下層的基本需求，也就是模板的最下面欄位。接著便是活用上下層關係分析法，階段性地探索出最主要的需求。使用者的行為目標應置放在使用者現象上方欄位的中層需求欄位，再釐清出使用者根本需求。但並非一定要分成三個階段不可，階段數目會因分析結果的不同而改變。

　　在這裡要注意的是最上層需求的等級。終極的最上層需求，若是放上像「想過幸福人生」這種適用於任何使用者的抽象內容，則此專案的主題以及來自目標使用者的具體性，將會變得薄弱。下一階段討論價值劇本時，所謂有效的最上層需求，只需要在需求記述中有與主題相關的事例或者接近的等級即可。

模板③事業活動方針

▼ 事業活動方針	製作者		製作日期	年　月　日	流水編號	
	標題					

事業資訊

事業領域

事業環境（機會、威脅）
政治經濟
社會情勢
技術革新
法令規範
顧客
競爭對手
等

經營資源（優勢、弱點）
商品
技術
銷售
據點
品牌
財務
人才
等

事業策略

▼

事業活動方針

　　事業活動方針會針對每個專案的主題提出事業策略，並讓事業領域、事業環境（機會、威脅）、經營資源（優勢、弱點）、事業策略等事業資訊，更加明確化。模板中已列舉各資訊的項目，這是為了仔細研究而提供的一般性觀點，但也可因應專案的不同進行取捨，或討論其他項目。另外，也可以藉由此模板比較、研究自己公司與競爭對手公司的事業資訊及活動方針。

模板④人物誌

人物誌	製作者		製作日期	年 月 日	流水編號	
	標題					

人物 一句話表達特徵及目標	
目標（使用者目標） 透過該產品、系統、服務， 整理出使用者與利害關係人 想達成什麼樣的事情（目 標）	

	姓名		照片
	年齡、性別		
	住家		
基本資料	家庭成員		
	公司名稱		
	公司概況		
	部門、職位		
	職種		

特徵 身體、生活習慣、文化素 質、性格、興趣、專長、 知識水準等	
角色（使用者角色） 從什麼樣的人屬於該產品、 系統、服務的使用者或利害 關係人的角度做整理	
喜好（品牌偏好） 整理出使用者與利害關係人 會在什麼樣的狀況、環境下 偏好使用該產品、系統、服 務	

　　人物誌要從使用者資訊開始設定。以使用者資訊為基礎，階段性地精緻化目標使用者形象後，分辨出使用者與利害關係人的名單與角色，最後再製作出人物誌。

　　記載人物誌的目標、基本資訊、特徵、角色、喜好等內容於模板上時，需一邊注意其與專案主題的關係。為了讓開發的成員容易理解人物誌，要在模板上方欄位中，記載關於人物誌的特徵與目標的一句標語。為了使人對人物誌能產生視覺上的認同感，也要加上照片或插畫。使用圖片時，必須留意著作權與肖像權。

　　雖然人物誌模板是為了製作人物誌而準備的，但在選定角色的階段時，也可改變記述資訊的詳細程度、加以活用。

☺ 模板⑤價值劇本

☺ 價值劇本	製作者		製作日期	年 月 日	流水編號	
	標題					

使用者與利害關係人的名單	角色
創造產品、系統、服務的利害關係人 ▶	創出產品、系統、服務的對象人物誌

使用者根本需求	價值劇本	情境
以使用者資訊為基礎，從需求的主要化找出的本質需求 ▶	提供的價值要從使用者與事業兩個層面來記述。聚焦在價值上，記述使用者形象及產品、系統、服務的思考方式。	從價值劇本預測的情境

事業活動方針
以事業資訊為基礎，提供具有價值的活動方針 ▶

價值劇本的評估

劇本的確認重點	評估觀點（可追加變更）		意見
・是否已經達到專案目標 ・是否已經滿足使用者根本需求 ・事業活動方針是否一致 ・是否符合角色	使用者觀點	□魅力性	
		□新穎性	
		□有用性	
		□效率性	
		□	
	事業觀點	□策略性	
		□市場性	
		□事業性	
		□實現性	
		□社會性	
		□	

評估的總結

　　價值劇本是一種以價值觀點思考使用者形象及產品、系統、服務的產物。模板上方有討論目標使用者的區塊，從左邊依序為使用者、利害關係人的名單、角色，來記述精緻化後的內容。

　　模板左側有使用者觀點的使用者根本需求與事業觀點的事業活動方針的記述欄位，可以記錄前面章節已經討論過的內容。將這些推演出的資訊當作基礎，便可導出由使用者及事業兩觀點成立的價值，成為價值劇本。

　　目前的階段尚未能想像出具體的使用者形象及產品、系統、服務等，所以暫不記述。這是為了防止後續創意發想單元受到限制。

　　價值劇本確定後，便可討論預測的情境並記述在右方的欄位中。評估時則使用模板下方的評估欄位，從使用者及事業兩方面開始進行。使用者觀點的評估中，重視人本設計的滿意度、魅力性及新穎性也是重要的觀點。

模板⑥活動劇本

活動劇本	製作者		製作日期	年　月　日	流水編號	
	標題					

人物誌				ID	
目標（活動劇本）			姓名：		照片、插畫
			特徵：		

▼

情境	活動劇本	任務
討論活動劇本的情境	以人物誌的目標為基礎，記述情境中人物誌的活動流程及情緒波動。	活動劇本中記述的活動單位。

活動劇本的評估

劇本的確認重點	評估觀點（可追加變更）		意見
・是否達到專案目標 ・是否能實現價值劇本 　（情境） ・人物誌是否有反應	使用者觀點	□魅力性	
		□新穎性	
		□有用性	
		□效率性	
		□	
	事業觀點	□策略性	
		□市場性	
		□事業性	
		□實現性	
		□社會性	
		□	

評估的總結

　　活動劇本以人物的目標為基礎，記述該情境中人物的活動流程以及情緒。

　　首先，從價值劇本假設的情境中，將要討論的內容填入模板左方欄位。接著再將此情境中的人物從人物誌模板擷取重點，並記述在上方的人物誌欄位。在此，人物誌的目標必須依活動劇本的程度填寫。最後再以這些已知資訊為基礎，在該情境中人物該藉由哪種活動達到目標等內容，記述為活動劇本。

　　不過由於目前還在創意發想開展前的階段，暫不在此記述具體的產品、系統、服務。接著再從活動劇本開始，以使用者的活動為單位，拆解出任務並填入右方的任務欄位。在活動劇本的使用者觀點的評估中，重視人本設計是否有效，因此有效也是重要的觀點。

模板⑦互動劇本

互動劇本	製作者		製作日期	年 月 日	流水編號	
	標題					

人物誌　　　　　　　　　　　　　　　　　　　　ID

目標（活動劇本）	姓名：	照片、插畫
	特徵：	

任務	互動劇本	規格意見
討論互動劇本的任務	依照人物誌與產品、系統、服務的時間順序記述任務。表達具體的產品、系統、服務的實現想法。以硬體、軟體、人才的特性來討論。	活動劇本中記述的活動單位。

互動劇本的評估

劇本的確認重點	評估觀點（可追加變更）		意見
·是否達到專案目標 ·是否能實現活動劇本 　（任務） ·人物誌是否有反應	使用者觀點	☐魅力性	
		☐新穎性	
		☐有用性	
		☐效率性	
		☐	
	事業觀點	☐策略性	
		☐市場性	
		☐事業性	
		☐實現性	
		☐社會性	
		☐	

評估的總結

互動劇本表達的是人物誌與產品、系統、服務的關聯性。首先，模板的左方欄位填入從活動劇本找出的任務，上方的人物誌欄位中填入與活動劇本模板一樣的人物。

在這裡必須明確填入與互動相關的目標。在互動劇本的階段，需隨任務思考人物利用產品、系統、服務過程中的互動，詳細記載時間順序。從其中可看出反映人物的具體產品、系統、服務、與其互動的想法，以及被要求符合規格的技術要素。

記述時為了不遺漏，並能更仔細的討論，我們也必須討論硬體、軟體、人性體的特性。接下來需從已經記述的互動劇本中找出具體的規格要求，並填入右方的規格意見欄位。

互動劇本的使用者觀點評估中，重視人本設計的效率，因此效率性也是重要的觀點。

模板⑧ 體驗願景

體驗願景（摘要）	製作者		製作日期	年　月　日	流水編號	
	標題					

⚑ 專案的目標

使用者目標：

事業目標：

♥ 使用者根本需求

🦋 事業活動方針

👤 使用者設定

人物誌：

😊 價值劇本	✈ 活動劇本	✒ 互動劇本

📊 事業設定

價值：
過程：
關係：
獲利：

📑 企畫提案書

使用者要求規格：

事業企畫：

前面七種模板中討論的內容，都會總結在體驗願景模板中。

模板上的各個項目都會隨著每個階段，或者所有階段完成後再填寫製作。依據專案的不同，例如事業活動方針確定後才開始專案，則使用者設定必須重新在開始的時候已經確認好某些項目。像這樣在採用使用者體驗願景設計之前，先將既定項目寫入體驗願景模板，既可以整理好結構化劇本的填寫資訊，也可明確看出專案中應採用的內容。

最後，模板右方的企畫提案書欄位中，使用者要求規格及事業企畫的填入內容，就是創造出來的體驗願景。專案小組可以據此概觀全體，並確認、討論。而且不只可以用在討論一個個案上，在比較、討論多個個案時也很有效果。

補充　把三種劇本模板排在一起

　　為了讓劇本彼此的相互關係更容易理解，用在劇本導出作業的三種劇本模板，其每個項目，配置都跟使用者體驗願景設計的架構一樣。將三份模板排列在一起，可以更容易掌握整體構造（見圖表3.3）。

　　每個劇本模板上方都有記述目標使用者的欄位，精緻化高低程度為由左到右，最後才是人物誌。中間是記述劇本的部分，一開始先在左方填入使用者根本需求與事業活動方針兩種資訊，從上方開始、由左到右填入使用者形象。完成三個模板的資料後，便可導出三階段的劇本。

　　此時雖然模板上的項目尚未設定，但正如本手法架構所示，事業設定也要從下方開始填寫。負責串連三份劇本的是情境與任務，最後得到的規格建議，將可反映至結構化劇本與下一份企畫提案書中。

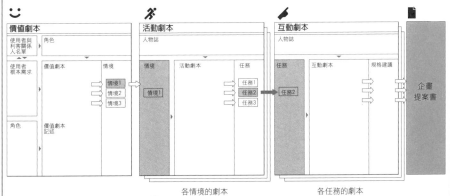

圖表3.3　三種劇本模板間的關係

　　另外，各劇本模板下方，皆設有評估劇本的欄位。在使用者體驗願景設計中，從使用者與事業兩種觀點來進行評估是很重要的。以一般評估觀點來說，使用者觀點有四種，事業觀點有五種。結合專案主題與目標後再選出適當的觀點並在確認欄位上註記、使用，或者因應專案目標再追加新的項目也可以。

　　另外，評估觀點也可以用加權計分或者分數化的方法（見圖表3.5~3.11）。將建議依照評估觀點填入意見欄位，再填寫評估的總結後，就可以移到下一階段了。

3-3 模板填寫範例

　　本單元將會介紹使用者體驗願景設計模板的填寫範例,並且探討依手法順序的不同,各自填寫模板的內容與重點。為了確認模板的有效性與使用的簡易性,此章節提出的案例,是以「洗衣」這個主題假設出來的案例。

　　在這個案例中,會針對使用者對於洗衣的根本需求,以及事業活動方針提案新的價值。並且以使用者的活動及互動為基礎,提出具體的產品、系統、服務創意,例如有空氣洗滌機能的衣櫃式洗衣機,以及衣物送洗清潔合作服務(見圖表3.4)。

　　與使用了問題解決型設計手法UD矩陣圖法案例(參照圖表1.3)比較後可以了解,同樣在「洗衣」這個主題下,問題解決型僅能改善產品現狀,但使用者體驗願景設計是由使用者根本需求開始思考,所以能從上層視野,以較寬廣的範圍來提出與洗衣相關的新體驗。

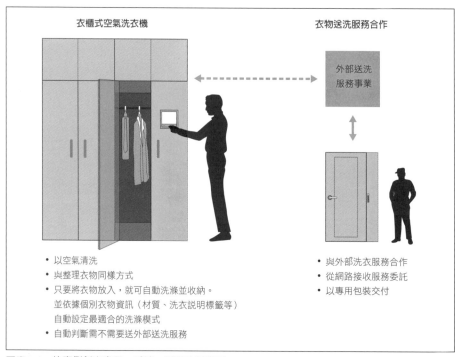

圖表3.4　依案例創出產品、系統、服務的示意圖

1 專案目標 🏳

　　當以「洗衣」為主題，開發新的體驗願景時，專案目標需從使用者與事業兩觀點來整合（見圖表3.5）。以概要及基本資訊的項目來整理專案的背景及基本資訊。在目標項目中，使用者的目標為「從未有過的洗衣新體驗」，事業目標為「在洗衣相關事業上，優先提出別家公司沒有的新穎性與獨特性，並取得先行者利益」，其目的應為表現體驗願景的方向性。

2 使用者的根本需求 ♥

　　將依半結構化訪談所記錄的使用者體驗卡片，放在最下方欄位，以上下層關係分析法探討中層、上層的需求（見圖表3.6）。從最上層需求中，我們可以找出「想使用高品質服務」、「想有效地運用自己的時間」、「想看起來像個整潔規矩的人」、「想自己解決」這四個關於洗衣的使用者根本需求。

3 事業活動方針 🦅

　　不只自家公司，我們也需要探討其他競爭對象的兩間公司。填入事業環境及經營資源、事業策略等後進行比較、分析，並討論事業活動方針（見圖表3.7）。最後便可以事業策略為基礎，找出能活用自家公司最強的服務與產品，以及相關的事業活動方針。

4 人物誌 👤

　　運用從訪談中得到的使用者資訊，討論關於主題「洗衣」的目標使用者（見圖表3.8）。角色設定為「獨居的年輕人」後，便可讓人物誌「大山裕介」更加具體精細。為了促進對人物的理解，我們可以用「個性散漫，但是希望在別人眼中看起來整潔規矩的求職專員」這樣的一句標語表現。

5 價值劇本 😊

　　導出價值劇本＊所需的資訊，也就是指使用者根本需求與事業活動方針，以及角色安排。在此案例中，使用者根本需求與事業活動方針，都是從前述的各模板抄錄下來，並已經設定角色為

＊價值劇本記述訣竅

• 以記述使用者根本需求與事業活動方針的語言來記述劇本，會比較容易。重要的不是表現理所當然的價值，而是要表現有魅力的價值。

• 具體上來說，使用者形象及產品、系統、服務不需記述。

「獨居的年輕人」。

　　將這些當作資訊，並提出新價值給價值劇本，這些新價值對使用者以及事業觀點來說都有優點（見圖表3.9）。從價值劇本推想出的情境有①夜晚下班後在自家洗上衣、②假日洗滌堆積已久的衣物、③洗滌皮革或者有蕾絲等特殊材質的衣物等三種類。

　　評估價值劇本，是要研究價值劇本中提案的價值，是否能實現專案目標？評估的觀點從使用者觀點來看，為魅力性、有效性、新穎性。如從事業的觀點來看，則為策略性、社會性、市場性、事業性。

　　另外，案例中有兩個特點。第一個是各評估觀點的內容記述。這是指例如使用者觀點的「魅力性」雖然可以當成評估觀點並使用在三個劇本中的任何一個，但具體的內容上來說，價值劇本注重在價值，活動劇本中就是活動，互動劇本就是互動或者技術，因此，同一個觀點在三個劇本中會變成不同的東西。評估觀點時必須確實做紀錄。

　　第二個是評估觀點的比重及分數化。比重可以確實地將評估反映在專案目標上。每個評估觀點的數值都可以表達出該劇本的特徵，所以在比較多數劇本時可以當作參考。這些特點都可以在三個劇本的模板上通用。

　　在案例中，我們的目的是要確實得到使用者的支持，並賦予使用者觀點上較大的比重。另一方面從事業觀點來說，則將重點放在與事業策略的一致性上。

6 活動劇本

　　針對三個情境中「夜晚下班後在自家洗上衣」的部分來探討活動劇本*（圖表3.10）。劇本不只是人物的活動，也具體描繪了心情與態度。也可以讓我們了解，提案出的體驗對人物來說有什麼意義，並且如何達成目標（根本需求）。然後再從活動劇本找出五個任務當作活動的單位。

　　評估活動劇本，重點是專案目標與價值劇本（情境）是否能實現。評估觀點與價值劇本一樣，會放較重的比重在使用者觀點上。評估的結果，能從使用者觀點得到較高評價，若從事業觀點來看則可探討銷售平台的必要性。

* 活動劇本的記述訣竅

・書寫時將人物的名字當作主詞，比較容易表現人物的情感。
・隨著每個活動的不同，將人物的心情當作結果記錄下來。
・時常意識著人物的目標，並思考最適合人物的活動。
・不記述具體的產品系統、服務。
・繪圖使其可視化。

7 互動劇本 ✍

針對從活動劇本找出的任務，來討論互動劇本＊（見圖表3.11）。在這個階段要詳細地描繪出像「洗衣房與送洗服務合作」這樣具體的產品、系統、服務內容，還有使用者在什麼樣的互動下進行活動劇本中描寫的活動，以及是否得到了在價值劇本中提案的價值。為了在這個階段實現互動，必須找出必要的技術要素，並記錄在規格建議欄位裡。

評估互動劇本，需評估是否達到專案目標、是否實現了互動劇本。從使用者觀點評估後被省去的有用性，另外再加上效率性以及事業觀點的實現性，都需要加入評估的觀點中。

使用者觀點的評估內容，特別需要討論的是魅力性、效率性。而從事業觀點的評估來說，需要討論能應用自身公司的獨家技術「空氣洗淨技術」，並且具體地討論銷售通路的可能性。

8 體驗願景 ✍

最後，用體驗願景模板來總結各章節的成果。這就是「洗衣」主題以使用者體驗願景設計創造出來的體驗願景的摘要（見圖表3.12）。案例中我們可以看到，「提案關於洗衣的新產品、系統、服務」的專案目標，以使用者根本需求與事業活動方針為基礎，從使用者與事業兩種視點來活用結構化劇本，並且得出使用者要求的規格以及事業企畫等所有章節的構造以及內容。

確認使用此模板提案的體驗願景整體，並經過總合的評估後所創出的產品、系統、服務（參照圖表3.4），就是專案目標，也是使用者與事業目標的實現成果。

🏳 專案目標	製作者		製作日期	年 月 日	流水編號	
	標題	以「洗衣」為主題開發的新體驗、視野開發企劃				

概念

目的：	提案關於「洗衣」的新服務、系統、產品。
成果：	關於「洗衣」的新服務、系統、產品的企畫提案書。
對使用者的價值：	使用者從未有過關於「洗衣」的魅力新體驗。
利害關係人：	使用者（同居、單身）、住宅建商、住宅工務店、洗衣店、洗衣機製造商。
限制（時間、成本、經營方針等）：	從XX年底前開始。

基本資訊

對象使用者資訊：	獨居的年輕人。必須調查實情。
事業資訊：	將事業從洗衣機單體，推展到與服務結合為一體的洗衣相關解決方案事業。
技術資訊：	除了家電技術，也持有業務用專業規格洗衣機技術。新開發的「空氣清洗」技術。

目標

使用者目標（假設）：	在洗衣方面前所未有的新體驗。
	具體來說，係透過調查掌握狀況、討論優先順序。
事業目標：	在洗衣相關事業上以有別於其他公司的新穎和獨特性為最優先，獲得先行利益。

活動內容與時程

整體開發時間表

開始企劃開發	×年×月	×年×月
企畫提案書	◇	×年×月
設計完成	◇	×年×月
銷售、服務進駐	◆	

專案與時程

專案目標	◇	×年×月
使用者根本需求	◇	
事業活動方針	◇	
使用者設定	◇	
事業設定	◇	
結構化劇本		
價值劇本	◇	×年×月
活動劇本	◇	
互動劇本	◇	
企畫提案書		
使用者要求規格	◇	
事業企畫	◇	

成員	預算和預算計畫
組長：	預算（依據WBS各項目的報價）
評估團隊：	
開發團隊：	
事業企劃團隊：	預算計畫
使用者：	人事費：
其他：	資材費：
	外包費：
	預備費：

圖表3.5　專案目標的填寫範例

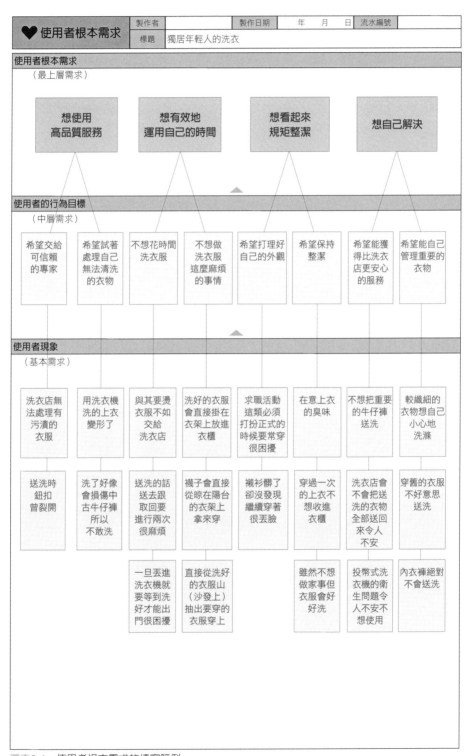

圖表3.6　使用者根本需求的填寫範例

❤ 事業活動方針	製作者		製作日期	年　月　日	流水編號	
	標題	洗衣相關事業				

事業資訊

	〔本公司〕	〔對手A公司〕	〔對手B公司〕
事業領域	家電、業務用機器製造銷售	加盟店型洗衣服務	家電製造銷售
事業環境 （機會、威脅） 　政治經濟 　社會情勢 　技術革新 　法令規範 　顧客 　競爭對手 　等	家電量販店的洗衣機競爭者眾多，變得不容易有獲利。	因為洗衣服務已經變成價格競爭，為了開發新服務，所以有需要確保加盟店的營業額。	只賣洗衣機很難有獲利。
	〔商品〕 家庭用、業務用洗衣機	洗衣服務	家庭用洗衣機
經營資源 （優勢、弱點） 　商品 　技術 　銷售 　據點 　品牌 　財務 　人才 　等	〔保有技術〕 除了家電技術之外，還有業務用專業規格的洗衣機技術。特別是「空氣洗滌」技術。	洗衣技術、待客技術。特別是「特殊洗衣技術（沒有不能洗的衣服）」服務。	控制技術，感應技術。特別是「家庭網路技術」。
	〔通路〕 家電量販店、業務用代理店、工務店	加盟店（簽約服務點）全國500店以上。	家電量販店
	〔優勢〕 活用業務用的住宅設施銷售通路（隨公寓附設）	活用加盟店通路進行地區性密集服務。可以進行居家訪問。	網路技術與綜合家電（電視、冷氣、冰箱……）。
事業策略	產品（洗衣機）從單體商品變成服務結合的綜合性事業，銷售通路也從家電銷售拓展到住家設備銷售。	趁居家訪問的機會開發洗衣以外的商機。	隨家電網路化創造新的利益。

▼

事業活動方針

	利用新技術和住宅設備銷售通路，結合產品與服務，充分支援家庭衣物的洗滌	居家訪問時，請衣物專家提供或銷售洗衣或保養、收納衣物的資訊，進行高品質服務。	家電的網路化可讓衣物清潔得到最適當的處理，在家也能得到專業洗滌。
	【產品＋服務】	【以服務為主】	【以產品為主】

圖表3.7　事業活動方針的填寫範例

人物誌	製作者		製作日期	年　月　日	流水編號	
	標題	大山裕介				

人物 一句話表達特徵及目標	**個性散漫，但是希望在別人眼中看起來整潔規矩的求職專員。**
目標（使用者目標） 透過該產品、系統、服務，整理出使用者與利害關係人想達成什麼樣的事情（目標）	〔將來〕有天會創業 將來想獨立創業，但還不知道該做什麼、能做什麼。很喜歡現在的工作，暫時先在這邊努力。 〔服裝打扮〕 求職部的工作需要注意服裝儀容。希望自己可以看起來整潔。自己不太會洗衣服或配合時間、地點、場合穿著，所以希望可以有些改變。

基本資料	姓名	大山裕介
	年齡、性別	24歲男性，單身
	住家	千葉市
	家庭成員	一家三口。雙親住在靜岡老家 父親（52歲、區公所職員） 母親（48歲、家庭主婦）
	公司名稱	千葉工科大學，千葉站附近
	公司概況	員工人數約150人
	部門、職位	大學事務局求職部
	職種	求職專員

特徵 身體、生活習慣、文化素質、性格、興趣、專長、知識水準等	• 175公分，外觀好感度高。 • 大學就讀靜岡工科大學（私立）。專攻經濟學。畢業後成為母校姊妹校的事務職員。 • 性格看似散漫，不過自認該發揮的時候能夠投入。 • 可能因為不得要領，公私都堆積了相當多雜物，腦海和周遭都總是雜亂不堪。 • 開始工作後第一次獨居，已經有兩年時間。 • 不擅長洗衣和打掃。沒有計畫性，覺得受不了時就會放棄。 • 覺得送洗衣物很麻煩，曾經有過三個月都沒去領取衣物的經驗。
角色（使用者角色） 從什麼樣的人屬於該產品、系統、服務的使用者或利害關係人的角度做整理	• 進公司第二年，負責學生求職活動。 • 是求職部中最年輕的職員，對學生來說像大哥哥、對求職企業來說是如大學代表般的業務員，包含許多面向工作愈來愈有趣。今後希望可以進一步規劃求職活動。 • 經常需要出差拜訪企業。偶爾需要出席就職說明會等正式場合，但始終不太習慣。 • 老家的雙親很擔心獨居兒子的三餐跟家事，每次通電話都會再三詢問：「沒問題嗎？」
喜好（品牌偏好） 整理出使用者與利害關係人會在什麼樣的狀況、環境下偏好使用該產品、系統、服務	• 喜歡的店家是以紳士風雅形象深植人心的日系國民品牌United Arrows和日系潮牌Beams。沒有特定品牌，但有自己的原則，覺得自己品味應該還不錯。 • 對家具和室內設計有興趣，嚮往簡單帥氣的房間（但現實生活卻完全不同……）。 • 講究行動電話的設計和功能。最近正要換購最新的智慧型手機。下載很多應用程式。一看到新奇的應用程式就會下載來跟朋友炫耀。 • 會根據特輯內容，購買《Pen》等雜誌。例如智慧型文具特輯等。 • 一直很喜歡日本搖滾樂團Spitz的音樂。

圖表3.8　人物誌的填寫範例

☺ 價值劇本	製作者		製作日期	年　月　日	流水編號	
	標題	適合獨居年輕人的洗衣服務				

使用者與利害關係人的名單	角色
創造產品、系統、服務的利害關係人 使用者、住宅建築者、住宅工務店、洗衣公司、洗衣機製造者	創出產品、系統、服務的對象人物誌 獨居生活的年輕人

使用者根本需求	價值劇本	情境
以使用者資訊為基礎，從需求的主要化找出的本質需求 **關於洗衣** • 希望自己解決 • 希望利用高品質服務 • 希望看起來是個整潔規矩的人 • 希望有效運用自己的時間	提供的價值要從使用者和事業兩個層面來記述。聚焦在價值上，記述使用者形象及產品、系統、服務的思考方式。 獨居生活的年輕人就算沒有關於洗衣的知識或經驗，也可以在自己家簡單的洗衣，隨時都可以保持整潔。 在家不容易洗的衣服，可以簡單地交給專業服務。	從價值劇本預測的情境 1. 晚上回家後自己在家洗上衣。 2. 假日清洗堆積的衣物。 3. 清洗有皮料或蕾絲的特殊衣物。

事業活動方針
以事業資訊為基礎，提供具有價值的活動方針 **合併新技術與住宅設備銷售通路的產品和服務，進行所有家庭中的衣物洗滌服務。**

價值劇本的評估 　　　　合計　25

劇本的確認重點	評估觀點（可追加變更）	內容	點數＋權重＝計分			意見
・是否已經達到專案目標 ・是否已經滿足使用者根本需求 ・事業活動方針是否一致 ・是否符合角色	使用者觀點	☑魅力性 是否具備有魅力的價值（受吸引、有趣……）	3	2	6	最吸引人的就是不用麻煩的手續
		☑新穎性 嶄新、有獨特性	3	2	6	可以簡單地交付給專家這點子很創新
		☑有用性 好像有幫助（想使用看看、想申請看看……）	3	2	6	就算沒有知識跟經驗也可以把衣服洗好這件事情很有幫助
		☐效率性				
		☐				
	事業觀點	☑策略性 是否符合經營方針、事業方針、品牌方針	3	1	3	全面支援關於洗衣大小事情，符合公司策略
		☑市場性 是否有市場規模、成長性（投資組合分析）	2	1	2	年輕人有需求
		☑事業性 是否符合事業環境和經營資源（SWOT分析）	1	1	1	評估困難
		☐實現性				
		☑社會性 是否符合守法經營CSR（包含環境）	1	1	1	難以判斷是否具備環境考量
		☐				

評估的總結
雖然具備吸引使用者的價值，但從事業觀點來說，還需要研究更具體的商業模式，且看過實際產品再來判斷。可以從洗衣全方位新服務品牌這個提案角度來進一步討論。

圖表3.9　價值劇本的填寫範例

活動劇本	製作者		製作日期	年　月　日	流水編號	
	標題	在家洗滌上衣（大山裕介）				

人物誌

		ID	P09-001

目標（活動劇本）

就算不得要領，也不在意麻煩的洗衣步驟，
希望隨時都有乾淨的衣服可以換穿。
不想花自己的時間在麻煩的洗衣步驟上。

姓名：大山裕介
特徵：

個性散漫，但是希望在
別人眼中看起來整潔規
矩的求職專員。

情境	活動劇本	任務
討論活動劇本的情境	以人物誌的目標為基礎，記述情境中人物誌的活動流程及情緒波動。	活動劇本中記述的活動單位。
1.晚上回家後在家洗滌上衣。	裕介下班後與同事吃完飯喝完酒，很晚才回到自己的套房。 「都是討厭的菸臭味，來洗衣服吧」，於是裕介設定洗衣機清洗上衣跟領帶。跟收拾時所費的工夫一樣，覺得一點也不麻煩，很省事。 隔天早上，裕介取出已經沒有菸臭的乾淨上衣。這樣一來面對來客時也可以留下好印象，讓他很開心。 然而他發現領帶上有無法自己洗清的髒污，於是交付給外部服務。裕介覺得幸好自己繫領帶前發現了領帶上的髒污。	1.整理衣服 2.設定洗衣（洗衣服） 3.取出衣服 4.知道有髒污還沒去除 5.外部服務的手續

活動劇本的評估

				合計　24			

劇本的確認重點	評估觀點（可追加變更）	內容		點數＋權重＝計分			意見
·是否達到專案目標 ·是否實現價值劇本（情境） ·是否反映出人物	使用者觀點	☑魅力性	是否具備有魅力的活動（舒適、帥氣……）	3	2	6	魅力在於可以跟整理衣服一樣簡單地清洗衣服
		☑新穎性	嶄新、有獨特性	3	2	6	創新的是不只去汙還能去臭味
		☑有用性	可以簡單得到結果（可以用、用得習慣）	3	2	6	就算粗心沒發現也可以幫忙處理，很有用。
		☐效率性 ☐					
	事業觀點	☑策略性	是否符合商品策略、服務策略	2	1	2	融合自家清洗及專業服務的部分符合策略性
		☑市場性	市場是否能接受	1	1	1	取代既有洗滌方法的門檻高
		☑事業性	商品、服務是否能獲利	1	1	1	難以評估
		☐實現性					
		☑社會性 ☐	是否注意到安全、安心	2	1	2	不需要困難操作的通用設計

評估的總結

魅力點在於以使用者的活動本身來說，洗衣的困難度大幅下降。
應該討論如何運用自己公司的住宅設備相關通路行銷產品、系統（附設設備）。

圖表3.10　活動劇本的填寫範例

互動劇本	製作者		製作日期	年　月　日	流水編號	
	標題	與衣櫃式空氣洗衣機合作的洗衣服務				

人物誌　　　　　　　　　　　　　　　　　　　　　　　ID　P09-001

目標（互動）：

洗衣的手續簡單，（即使注意力不集中時）下意識地操作也並不會失敗。不會發出很大的聲音及震動，深夜也可以使用。

姓名：大山裕介
特徵：
個性散漫，但是希望在別人眼中看起來整潔規矩的求職專員。

任務	互動劇本	規格意見
討論互動劇本的任務	依照人物誌與產品、系統、服務的時間順序記述任務。表達具體的產品、系統、服務的實現想法。以硬體、軟體、人才的特性來討論。	活動劇本中記述的活動單位。
1.整理衣服 2.設定洗衣（洗衣服） 3.取出衣服 4.知道有髒污還沒去除 5.外部服務的手續	裕介打開衣櫃式空氣洗衣機的門，從裡面拿出專用衣架，將上衣和領帶分別掛好，掛在裡面的掛鉤上。 關上門後確認門的操作面板上顯示「上衣：1」、「領帶：1」後，按下「清洗」按鈕。面板上出現「空氣洗滌中」、「清洗時間1小時」。可以得知洗衣機感應到衣服的髒污，開始最適合的洗衣行程。 隔天早上，操作面板出現「上衣：1：洗衣完成」、「領帶：1：未完成」。點下「領帶」後可以看到詳細內容。於是知道領帶上有醬汁的污漬，空氣洗淨功能無法清潔乾淨。 面板上顯示，如果現在送洗，晚上即可收到。按下「聯絡送洗服務」按鈕。接下來遵循「請將領帶放入專用箱」的指示，將領帶放進玄關旁的接收專用箱裡。	·衣櫃型 ·空氣洗衣機能 ·個別的衣架、掛鉤、液晶螢幕 ·取得各自衣物資訊（材質、洗衣說明標籤等） ·感應污漬 ·判斷最適合的洗衣模式 ·顯示洗衣概要 ·再感應 ·判斷再洗衣或不可洗 ·獲取服務時程 ·申請服務

互動劇本的評估　　　　　　　　　　　　　　　　合計　29

劇本的確認重點	評估觀點（可追加變更）		內容	點數＋權重＝計分			意見
·是否達到專案目標 ·是否能實現活動劇本 （任務） ·人物是否有反應	使用者觀點	☑魅力性	是否具備有魅力的操作方式、印象（好用、帥氣……）	2	2	4	雖然操作簡單是很好，但也有想要令人躍躍欲試的魅力
		☑新穎性	創新、有獨特性	3	2	6	衣櫃式空氣洗衣，是一種嶄新的洗滌方式
		☐有用性					
		☑效率性	操作上是否有競爭力（簡單、易懂、可以迅速完成……）	3	2	6	觸控面板的操作簡單
		☐					
	事業觀點	☑策略性	設計方針與設計準則是否相符	2	1	2	有必要追求目前的品牌形象核心「專業規格」
		☑市場性	是否有市場上競爭力	3	1	3	對公寓建商具有很大吸引力
		☑事業性	成本（初期成本／營運成本）是否划算	1	1	1	與洗衣店合作的可能性還是未知數
		☑實現性	技術、知識傳授的可能性、以及與開發期間是否能配合	3	2	6	應用、實現自家公司的空氣洗淨技術的可能性高
		☑社會性	UD指導方針與環境指導方針是否相符合	1	1	1	需要討論觸控面板以外的介面（音控等）
		☐					

評估的總結

是個能充分活用新技術空氣洗滌機能的想法。
在互動上可毫無壓力、順利地完成任務，但期待有更嶄新、具魅力的特色。

圖表3.11　互動劇本的填寫範例

體驗願景（摘要）	製作者		製作日期	年　月　日	流水編號	
	標題	以「洗衣」為主題的新體驗願景開發專案				

■專案的目標

▶提案關於「洗衣」的新服務、系統、產品

使用者目標：
對獨居的年輕人來說是一種從未體驗過的洗衣魅力新體驗

事業目標：
就事業來說，搶先推出其他公司沒有的新穎性與獨特性，能夠獲得領先者利益。

■使用者根本需求

▶關於洗衣
・希望自己了解解決
・希望利用高品質服務
・希望看起來整潔可以有效利用自己的時間

■事業活動方針

▶與結合新技術與住宅設備、銷售性的產品和服務，針對所有家庭提供的衣物洗滌提供完整服務。

・洗衣機從單體服務變成綜合性單體服務、銷售通路也從家電銷售到住宅設備銷售。

・除了家電技術之外，還有美業規格的洗衣機專用專業規格，應用新的「空氣洗滌」技術。

■使用者設定

人物設定：大山裕介・24歲。
個性散漫但希望在別人眼中看起來整潔的求職部門職員。

希望自己的衣著不需要清洗。希望看著整潔但不想起來整潔的衣服換穿。希望自己即使自己不得要領、（即使注意力不集中時）也可以下意識地操作、不常失敗。隨時都有乾淨的衣服可以穿、但不想多花工夫。不想花費自己的時間在麻煩的洗衣步驟上。洗衣的手續簡單、也能夠隨時衣服乾淨。不會發出很大的聲音及震動、深夜也可以使用。

☺價值劇本

獨居年輕人就算沒有洗衣物的知識及經驗、在自己家裡也可以簡單地交給專業的洗衣服務。

✾活動劇本

裕介下班後與同事吃完飯喝完酒、回到自己的套房。「都是討厭的衣服味。來洗洗衣服吧」、於是設定了使用它清洗上衣跟領帶、隔天早上、裕介取出已經沒有汗臭的乾淨上衣。這樣一來接待來訪客時也可以留下好印象。讓他很開心。
然而他發現領帶上有無法自己洗清的污漬、於是交付給外部服務。裕介一覽還好自己有發現領帶上的污漬。

✎互動劇本

裕介打開衣櫃式空氣洗衣機、從裡面拿出專用衣架並把上衣跟領帶掛在衣架上。在操作面板上確認「清洗上衣」後、按下「清洗」按鈕。面板上出現「空氣洗滌中」清洗時間1小時、感應衣服的解污後就會開始最適合的洗衣程序。
洗衣完畢、「領帶：1：未完成、上衣：1：點清洗完畢」後、便可以看到詳細內容。於是了解了原先洗衣領帶上看不到的污漬、空氣洗淨功能無法再洗乾淨。帶上的污漬。（中略）

■事業設定

價值：針對衣物洗滌整體服務的綜合事業
過程：住宅設施建設與送洗服務以及洗物流的過程化
關係：開發住宅、清洗服務設備以及洗衣服務、工務店的合作
獲利：除了設置設備、也活用洗資訊的服務提供、洗衣資訊的服務收益

■企畫提案書

使用者要求規格：
・衣櫃型
・空氣洗衣機能
・個別衣架、掛鉤、液晶顯示
・取得個別物資訊（材質、洗衣說明標籤等）
・感應污漬
・判斷服裝適合的洗衣模式
・顯示洗衣概要
・再感應
・判斷再用洗衣或不可洗
・獲取服務時程、申請洗衣服務

事業企畫：
・住宅設備型洗衣機
・與住宅建商之合作銷售
・與清潔服務之資訊合作、工務店的服務
・洗衣機專用洗衣劑開發
・洗劑供給系統提案
・從洗衣機收集資訊的功能

圖表3.12　體驗願景的填寫範例

4 個案研究

CASE STUDY

使用者體驗願景設計的應用案例

第四部將介紹使用者體驗願景設計的12個應用案例。

我將12個案例，分成以下三大種類：

①實現實際產品、系統、服務的開發案例。

②在大學授課或研究上所實施的教育案例。

③摸索新事業可能性的工作坊案例。

4-1 行動電話的願景提案
【開發案例／產品】

1 概要

　　為了擴大資通訊科技（ICT）服務，需先設想2~3年後的生活及工作情境，再從預測新的網路服務，來進行行動電話的設計開發。在此，將介紹使用者體驗願景設計運用在產品的先行設計開發案例。

2 過程

1 行動電話服務的擴大

　　行動電話的服務始於1987年。1991年，可攜式行動電話mova登場，行動電話從此開始加速發展。1996年秋天，容積100cc、重量100g以下的數位mova上市，行動電話更是急速走向小型輕量化。此外，1999年日本開始有了i-mode服務，從此手機可以連上網路。此後，全球技術創新、服務創新的程序快馬加鞭，陸續發展出最貼近生活者的ICT技術應用服務。

　　最初，行動電話提供的服務只有語音通話，但自從imode服務開通後，手機也可以用來瀏覽電子郵件與網頁了。另外，隨著行動電話迅速普及，這種個人終端設備的機身上，也增加了音樂播放、相機攝影等功能，可利用的媒體持續增加。

　　2001年3G行動電話登場後，通訊速度大幅提升，不只可以傳送接收靜止畫面，還可以傳接動畫，也能透過視訊電話一邊看著對方一邊溝通。之後還導入票券預約、購買產品、電子錢包結算、健康管理服務等，藉由網路服務的擴大，消費者可在掌中使用的服務也不斷增加。

2 行動電話設計的變遷

　　行動電話的設計至今有過各式各樣的變化。在行動電話只能使用語音通話服務的時代，可以從口袋拿出來立刻使用的簡單「棒狀造型」曾是主流。但是i-mode服務開始後，為了方便瀏覽電子郵件及網站等新功能，同時搭載容易閱讀資料的大螢幕及操作性佳鍵盤的「摺疊造型」又變成主流。之後，行動電話開始搭載音樂播放功能、相機功能及電視功能，為了使用各種網路服務的舒適性，「滑蓋型」、「轉盤型」、「雙軸滑蓋型」等，陸續出現在各種行動電話的造型（見圖表4.1）。

　　由以上可知，行動電話的基本造型是隨著服務的擴大而改變的。更重要的是，讓主要服務變得更好用的行動電話造型，儼然變成市場的通用標準，而首次提案該造型的公司，在事業層面上，已經搶得先機。

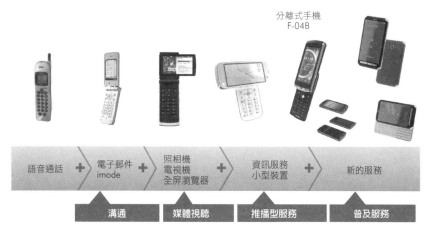

圖表4.1　服務擴大與行動電話基本造型的變遷

③ 使用者體驗願景設計的適用

　　從上述背景可知，手機造型設計開發的課題，是預測下一個時代的主要服務，並找出最適合該服務的基本造型。

　　專案開始時，預測即將會展開第一波段One-Seg收訊服務（是日本以行動電話等移動電子產品為主要接收對象的數位電視服務），並預設了媒體視聽服務及其他網路服務，具體描繪出活用視聽媒體的情境以及網路服務的情境。

　　設定每一個利用情境中使用者與行動電話的互動，並思考能實現該互動的各種創意，同時也研究不影響電子郵件跟語音通話便利性的設計案（見圖表4.2）。製作這些原型後再進行使用者評估，便發展出將畫面橫放操作的「旋轉造型」，最後才決定折疊式旋轉手機等新世代行動電話的基本造型，並將之產品化。

圖表4.2　行動電話基本造型的提案範例

價值劇本	製作者	上田	製作日期	年　月　日	流水編號	SS08-002
	標題	適合年輕人，經常使用手機的影像傳輸、儲存服務				

使用者對象

機不離手的年輕人

▼

使用者資訊（背景資訊、使用者形象、使用者價值觀等）

行動電話是取得資訊或溝通的必需品。無論工作、朋友之間的溝通，為了打發時間，總是機不離手。

事業資訊（經營方針、事業戰略、目標領域等）

開啟影像傳輸服務的行動環境

使用者根本需求

無論何時何地，希望隨時可以觀看影像資訊。『即時閱覽』最重要。

事業活動方針

在行動環境中，影像的搜尋、傳輸或儲存，都可以不花工夫簡單又即時提供。

▼

價值劇本	情境
外出或移動時的行動通訊環境下，可即時取得需要的影像資訊，運用在工作、娛樂、打發時間上。	1. 在移動中搜尋、閱覽最新的Youtube影片。 2. 等待時看看電視打發時間。 3. 外出時拍下有興趣的畫面儲存為影片。

圖表4.3　價值劇本的範例

活動劇本	製作者	上田	製作日期	年　月　日	流水編號	AS08-002
	標題	活用YouTube最新影片（高山裕太）				

人物誌目標	人物		ID：P08-003	
「即時閱覽」最重要	高山裕太 （Takayama Yuta）	喜歡新鮮事物，經常搜尋最新資訊，樂在溝通及工作。 男性、24歲、單身、獨居、外資汽車經銷商業務。		

▼

情境	活動劇本	任務
1. 在移動中搜尋、閱覽Youtube最新影片，活用在與客戶的溝通上。	在外資汽車經銷商工作的裕太，為了與客人聊天，經常注意最新的汽車資訊。 在通勤電車上，與其看書不如在Youtube上取得關於汽車的最新影像資訊。 在電車中除了看影像，還要能單手靈巧操作手機、搜尋、下載。 取得的資訊在與客戶聊天時非常有用。有時候也會當場拿出自己的手機給客戶看。	1. 拿出手機。 2. 用手機搜尋，進入Youtube網站。 3. 輸入搜尋關鍵字，找尋最新的影像資訊。 4. 找到喜歡的影像資訊就當場下載。 5. 搜尋其他網站。

圖表4.4　活動劇本的範例

互動劇本	製作者	上田	製作日期	年　月　日	流水編號	AS08-002
	標題	手機裝置讀取網站的影像資訊並下載				
	人物					ID：P08-003
	高山裕太（Takayama Yuta）					

任務	互動劇本
1. 拿出手機。 2. 用手機搜尋，進入Youtube網站。 3. 輸入搜尋關鍵字，找尋最新的影像資訊。 4. 找到喜歡的影像資訊就當場下載。 5. 搜尋其他網站。	硬體／軟體／人性體 ・裕太拿出最新的手機裝置（最新的手機裝置又輕又小，放進口袋也不會擔心有礙觀瞻）。 ・操作裝置的鍵盤，選擇網站模式，開始瀏覽網站。 ・打開裕太最常瀏覽的「我的主頁」。 ・先在主頁上點擊新聞，再按下YouTube的圖示。 ・打開YouTube的搜尋畫面後，在鍵盤上輸入幾個關鍵字（因為常瀏覽所以可以馬上打開搜尋網頁）。 ・影像清單以縮圖顯示。裕太閱覽了其中吸引他眼光的最新影像資料。 ・他覺得這個可以用在工作上，所以馬上下載。

圖表4.5　互動劇本的範例

　　將使用者體驗願景設計套用這個設計流程。例如設想下一世代需要的服務（價值劇本），具體描繪使用媒體服務的情境（活動劇本），以及該情境中利用者與行動電話互動的具體呈現（互動劇本）（以上見圖表4.3~4.5）。而這些設想到具體產品設計的過程，只能從結構化劇本中選出使用者要求規格後，再設計行動電話。本案例的設計開發與使用者體驗願景設計是一樣的。

3 結論

　　以往行動電話的設計開發，通常都會先從行銷資料及硬體規格開始著手，再設計操作該產品用的使用者介面，然後才思考如何活用這些服務。然而，隨著技術急速創新，要能有效活用不斷推陳出新的網路服務，提供能使目標使用者滿意度高的價值，以往的設計方法已明顯不足。我認為，未來因智慧型手機而興起的嶄新資通訊科技的裝置設計開發，必須從探討生活或工作上所需服務之階段，以使用者體驗願景設計著手開發，才能更有效率。

　　資通訊科技愈來愈進步，真正的雲端電腦時代已經來臨。在手機裝置的設計活動上，勢必會開始提出前所未有的產品、系統、服務。另一方面，消費者對於運用ICT有著模糊的需求和嚴格的評估，新提案也有可能變成消費者眼中「多管閒事」的存在。要提出對使用者真正有價值的提案，最重要的還是掌握使用者的潛在慾望，並提供新的體驗。也因此，在這個領域活用使用者體驗願景設計，可說相當有效。

（上田義弘：富士通設計公司）

4-2 個人電腦的願景提案
【開發案例／產品】

1 概要

筆記型電腦、個人電腦產業的技術創新，總是顯著而競爭激烈。企業在計畫新產品的階段，經常沒有足夠的時間導入創新技術。

因此，使用者體驗願景設計中運用的結構化劇本設計法（Structural Scenario-Based Design, SSBD），如果套用在個人電腦的設計開發上，將可以引導出產品的使用者體驗，進行技術創新，提供回應專案的必要性有效解決方案。

2 過程

① 使用者體驗創新計畫

使用者體驗創新計畫（User Experience Innovation Program, UXIP）起於華碩與應用劇本實驗室（ScenarioLab）的合作，用以推展創新生成的過程（圖表4.6）。其方式是讓專案成員傾聽使用者的故事，描繪出產品開發的劇本，透過與使用者的互動，理解使用者的體驗與感受，最後產出創新的產品。

在實施使用者體驗創新計畫的過程中，專案成員感受使用者的實際利用狀況、課題、價值觀、知識的同時，成員彼此也可以分享使用者體驗，接著就可以以此為基礎，提供有魅力的App，並產出更有效果的解決方式。

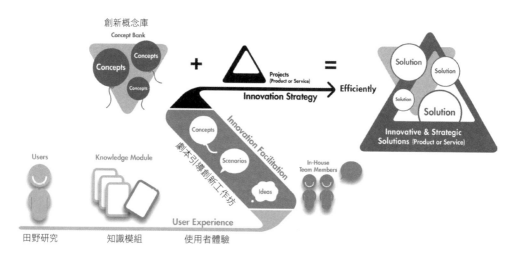

圖表4.6　使用者體驗創新計畫的概要

　　使用者體驗創新計畫是由①田野研究、②劇本引導創新工作坊、③產品（解決方案）的生成等三個步驟所構成。

　　①田野研究

　　選擇代表使用者、蒐集使用者寫的日報、調查使用情境、進行訪談並徹底地調查使用者。蒐集來的使用者體驗包含了使用者的筆記型電腦、個人電腦利用上的問題跟獨自的見解。把這些得到的知識重新謄寫到卡片上並整理。

　　②劇本引導創新工作坊

　　專案小組用整理出使用者體驗的卡片來進行「劇本引導創新工作坊」，一邊理解使用者的問題或體驗、感受，一邊探索創新的創意。這個創意中包含了功能、互動、通路、服務、人物。而劇本中記錄使用者形象、時間、場所、物品、活動，再用卡片整理出關於創新創意的概念，稱為創新概念庫。

　　③產品（解決方案）的生成

　　創新概念庫可以針對企業專案迅速提供需要的產品或解決方案，專案成員在專案開始時，可以從創新概念庫找出適當的概念。

　　每個概念皆包括功能（Function）、互動（Interaction）、通路（Channel）、服務（Service）等構成解決方案的資訊（取這些英文的首字字母，簡稱為FICS）。然後以這些資訊為基礎，再進行更高層次的評估工作坊。比如說，製作事業環境變化時的工作坊，或者透過劇本走訪的工作坊，來發展精緻化產品、解決方案的創意。

② 使用者體驗創新計畫中的結構化劇本

　　在產生產品、解決方案的階段中，我們可以導入以結構化劇本為基礎的設計法（SSBD），得到使用者體驗的新創意。SSBD能表達出FICS的解決方案，事業資訊、使用者資訊、人物、價值劇本、活動劇本、互動劇本、產品、系統、服務的規格等各種層級，而且也能夠在各自階段性生成的過程，更具體化產品、解決方案。

③ 案例

　　2015年5月，華碩為了做個人筆電的初期調查，對14名目標使用者進行了焦點小組訪談與討論。之後又從當中選出6名候選人，進行更深入的活動調查。在這階段的調查當中，使用者體驗被製作成60張卡片。

　　利用這些卡片，他們在兩個月之內實施了好幾次的劇本引導創新工作坊。透過此活動，華碩的專案成員理解了使用者的課題與價值觀，也讓成員發揮了自己的創意。這個工作坊產出了100個以上的創新點子，當中包含了功能跟劇本的記述。之後這些成果被納入創新概念庫，隔年夏天，他們再將這些創意從創新概念庫中取出，使用於專案中，藉由整合FICS相關資訊，成員也實際突破了自己的想法並獲得成果。

　　這些創意也落實在華碩公司的產品和行銷創新上。例如平板電腦市場中大受好評的變形平板（可分離的觸控螢幕與鍵盤）Transformer系列即是如此（見圖表4.7）。另一方面，以行銷來說，在個人筆電上演奏音樂的概念，則由華碩公司董事長施崇棠與台灣知名歌手周杰倫，以影音方式呈現（見圖表4.8）。

生成日： 2010年4月6日 **概念：** 華碩變形筆電 （可分離的螢幕 與鍵盤）。 **架構：** 可以用更放鬆的 姿勢使用筆電。	實現日： 2011年2月26日 ASUS Eee Pad Transformer

圖表4.7　新產品的開發概念及實現

生成日： 2010年4月6日 **概念：** N-Concert。 **架構：** 只要有好的影 音，什麼都做得 到。	實現日： 2011年6月29日 施崇棠和周杰倫共同指揮30台筆電演奏 《大黃蜂》。

圖表4.8　新產品的開發概念及實現

3 總結

　　對企業而言，為了競爭，迅速應對與操作是很重要的。如同在本案例中所介紹，把創意儲存在創新概念庫中，在產品、解決方案的生成階段能夠立刻提領出來活用，就是使用者體驗創新計畫的優點。

　　另外，專案小組舉辦內部的劇本引導創新工作坊，能讓成員在開發的早期階段，思索使用者需求及將來的技術創新。而且可以在更早的階段，改變成員對專案的方向，進入更容易產出互動想法的狀態。這也是使用者體驗創新計畫的特性之一，可幫助強化企業內部的互動。

　　這些效果就好像比400公尺賽跑一樣，下一個接棒的跑者，會在上一個跑者還沒抵達前就開始起跑，在加速的狀態下接取上一位跑者的棒子。以本案的例子來說，不只是在專案小組中累積使用者體驗的知識與互動的創意，小組本身也會轉變成隨時為產出產品、解決方案做好準備的狀態。

（余德彰：應用劇本實驗室）

4-3 生技公司網站的願景提案
【開發案例／網站】

1 概要

　　以下是為了更新生技公司JAPAN MAGGOT（以下稱客戶）的網站，活用使用者體驗願景設計的案例。

　　該企業原本就有自己的網站，但為了加入使用者觀點以強化網站效果，所以專案目的為更新原有網站（見圖表4.9）。

2 過程

⬚1 更新前的網站分析

　　分析更新前的網站。具體來說，分析項目有網站的點擊次數、搜尋關鍵字、諮詢數字、網站內容等。

⬚2 事業領域的總結

　　綜合評估客戶的事業領域後，了解網站上主要的內容，是進行主要的醫療事業蛆蟲療法（糖尿病性壞疽治療）時，使用的主力產品及其所提供的服務。

⬚3 選出使用者根本需求

　　明確區分出使用者，選出根本需求。主力產品的使用者設定為因糖尿病性壞疽不得已可能需要截肢的患者家屬，以及接受諮商的醫師。在此可以明確得知使用者的根本需求為「避免截肢」。而且從使用者根本需求可得知，當初網站上原本沒有的健康食品，現在也要放到網頁上了。

⬚4 價值劇本的製作

　　網站的價值劇本，必須分別製作「主力產品的銷售」及「健康食品的銷售」兩種，並討論各自事業領域的關聯性後做總結（見圖表4.10）。網站的目標為讓客戶對主力產品有興趣，並且諮詢相關資訊。另外，健康食品的目標則為讓客戶購買。

⬚5 人物誌的製作

　　製作患者家人2名以及接受諮詢的醫師1名，合計3名的人物誌（見圖表4.11）。另外，再製作購買健康食品的人物誌1名。

參加成員	成員目標	特徵	課題
客戶	希望可以做出有成果的網站	不了解網站	改變認為網站不容易理解的意識
網站製作者	希望可以做出客戶喜歡的網站	對客戶的事業理解不夠	意識客戶端真正的使用者

圖表4.9　網站開發的概要

為了製作網站，必須要讓價值共通

服務名稱	價值劇本
主力產品的推薦	讓客戶了解，這種新的治療方法，能避免因糖尿病性壞疽造成的截肢，讓客戶詢問產品。
健康食品的販售	給尚未感染糖尿病性壞疽的高血壓病人促進健康的契機，使其購買健康食品。

圖表4.10　價值劇本

人物誌		製作者	IST、吉井誠	製作日期	年　月　日	流水編號	
		標題	JMC公司網站更新				

人物 一句話表達特徵及目標		擔心父親足部的女兒

基本資料	姓名	石川智子（Ishikawa Tomoko）
	年齡、性別	37歲，女性
	公司名稱	主婦
	企業規模、業種	無
	職種	無
	部門、職務	無
	目前住址	大阪府大阪市　安靜的高級住宅區獨棟住宅一樓（100平方公尺、兩層樓房）
	家庭成員	夫（42歲、牙醫師、經營牙醫院）、長女（8歲、小學二年級）、長男（6歲、幼稚園大班）

使用者特徵 身體、生活習慣、文化素質、性格、興趣、專長、知識水準等	身高158公分。身材瘦長（47公斤）。神戶女子大學文學部畢業。貿易公司的行政人員（父親經營）。26歲相親結婚至今。性格溫柔嫻靜，對雙親孝順。興趣是鋼琴、種植香草。很會作菜（特別是甜點），喜歡跟孩子們一起烹飪。平常會用個人電腦查資料。喜歡看書，但完全沒有醫療相關知識。比起自己，更傾向把錢花在孩子身上。
使用者的功能 （使用者角色） 從什麼樣的人屬於該產品、系統、服務的使用者或利害關係人的角度做整理	對父親很孝順的女兒，希望父母親都過得幸福。
使用者的目的 （使用者目標） 透過該產品，使用者與利害關係人希望達到什麼樣的效果（目標）	父親因糖尿病造成足部壞死，可能要面臨截肢。想介紹一直在尋找解決方式的母親，讓父親不需截肢的治療方法。
使用者的偏好 （品牌喜好） 關於此產品使用者在什麼樣的狀況下有什麼樣的偏好	好的東西會想花錢買。通常都在百貨公司買東西。喜歡粉紅色。

圖表4.11　人物誌

⑥ 活動劇本和互動劇本的製作

　　依據個別的人物誌，分別製作活動劇本與互動劇本。劇本最初的內容是關於主力產品，最終是諮詢。而健康食品銷售的劇本，則是到購入手續才落幕。

⑦ 活動劇本與網站構成企畫的製作

　　若要從互動劇本實現目標，必須列出需要的規格。另外，為了做出網站的構圖，先製作網站的構成企畫。網站構成企畫完成的階段，檢查好客戶及廣告標語以及其構成內容後，網站的藍圖就完成了。

⑧ **網站的製作**

蒐集需要的素材，著手網站的設計及編碼。大略的藍圖已經完成，客戶也準備好網站公開後的販售策略。網站試營運確認完畢，便正式上線（圖表4.12）。

⑨ **網站的上線**

更新後的網站，比起更新前的網站點擊數倍增。合併人物誌、劇本後重新擬定銷售戰略的結果（圖表4.13），就是在兩個月內增加了2.8倍的銷量。

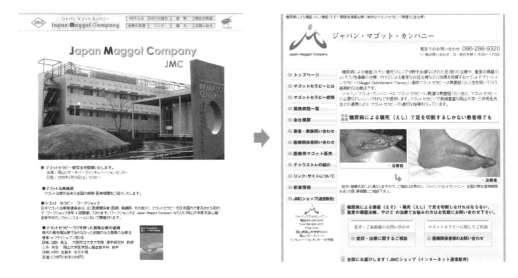

圖表4.12　更新後的網站（左：更新前、右：更新後）

價值劇本	人物誌		互動劇本	輸出端	
主力產品推薦		擔心父親足部的兒子 （42歲、男性）	找到合作醫院並直接諮詢醫院。	製作網站A企畫案	製作客戶網站企畫案
		擔心父親足部的女兒 （37歲、女性）	打電話跟客戶確認是什麼樣的治療法。	製作網站B企畫案	
		為患者著想的醫師 （45歲、男性）	向合作的三井醫院尋求醫療專家的意見。	製作網站C企畫案	
健康食品販售		擔心血糖值的男性 （58歲、男性）	喜歡吃健康食品以預防。	製作網站D企畫案	

圖表4.13　價值劇本、人物誌、互動劇本的概要

4-4 電腦應用軟體的願景提案
【開發案例／軟體】

1 概要

　　這個個案檢討事先安裝至電腦中的照片管理軟體之新價值，希望開發出新機種的照片管理軟體，因而運用了使用者體驗願景設計。在此介紹從蒐集目標使用者，也就是初次使用者的資訊開始，到使用者根本需求的結構化、製作劇本為止的過程。

2 過程

① 初次使用者的行動觀察

　　專案成員先觀察並訪問初次使用者平常使用照片的習慣，並蒐集其特徵與課題。為了觀察、訪談，準備了初次使用者訪問用模板以進行調查（見圖表4.14）。結果不只掌握了初次使用者從拍照、儲存在電腦、整理、編輯，一直到列印等一連串的行動，也觀察到許多事項。

初次使用者訪談用模板	
■ 使用者屬性 　性別、年齡、職業、住址、其他 ■ 電腦的使用狀況 　（沒用過、偶爾使用家人的個人電腦等） ■ 手機的使用狀況 　（簡易手機、一週拍2～3次照片） ■ 平常使用的照相機種類 　（數位相機、立可拍、單眼、手機等。若有兩種以上則圈選主要的一種）	■ 主要拍什麼東西、目的、什麼時候會拍照 　（旅行時拍花或建築物、拍孫子等） ■ 如何使用拍下來的照片或影片 　（印出來分給朋友、放在部落格等） ■ 拍好的照片或影片怎麼整理、保存 　（洗出來的照片放進相簿、電腦上用檔案或DVD儲存等） ■ 關於現有的照片或影片的活用、整理、保存，例如「如果可以弄成這樣就好了」、「這方法很有用」等任何經驗談 ■ 所有觀察者察覺的事情 ■ 訪談環境 　（實際請受訪者使用電腦＋數位相機一邊訪談，軟體為網路相簿picasa等）

圖表4.14　初次使用者訪談模板

② 觀察事項的結構化與人物誌設定

　　接著，專案成員為了將行動觀察的成果導向初次使用者的根本需求，開始在卡片上寫下關鍵字。再運用上下層關係分析法，分析所得的資訊是屬於使用者目的，或是屬於達到目的的手段，將其需求與課題結構化。在結構化過程中特別注意，要將初次使用者感到困擾或困惑的現象之因果關係明確化。

　　另外，在此時也以進行訪談的人為基礎，構成三個人的人物誌，與專案成員共享。

3 **根本需求的上層化**

從觀察結果的結構化，可以得知使用者「一定要拍重要活動的照片」、「確實儲存」、「就算鏡頭晃動失焦，只要表情夠精采也不會刪除」、「想加上能表達當時情境的說明或演出」等需求，集中於「拍照樂趣」、「看照片的樂趣」、「分享照片的樂趣」三種使用者的根本需求上，讓整體狀況獲得整理跟結構化。

4 **檢討電腦製造商的優勢（檢討事業活動方針）**

這次的對象產品上搭載的是只要插入SD卡就會自動讀取、啟動的軟體。對初次使用者來說，不需要煩惱操作系統難懂的訊息或選項即可自動達到目的，也是開發好用軟體時重要的要素。軟硬體皆能製作的製造商正擁有這種優勢，所以他們以同時搭載這種架構為前提，具體研擬劇本內容。

另外，個人使用者通常在購買電腦時，很重視是否方便使用，因此大部分買家會在家電量販店詢問店員哪種電腦比較好用，確認過後再購買。因此軟體必須在購買前讓買家對使用簡易度有所期待，開始使用之後也能回應期待。

5 **結構化劇本**

・活動劇本

此案例中由於開發對象很明確，所以直接從活動劇本開始著手。活動劇本中記述了三個使用者，從拍照到列印等一連串照相流程，包括利用情境及其行動流程，以及與人物的生活模式的關聯性 （見圖表4.15）。

活動劇本	製作者	在家	製作日期	年　月　日	流水編號	AS08-002
	標題	簡單地活用整理蒐集家庭照片				

人物誌			
中谷守	特徵	有大量關於旅行、興趣、孫子、愛犬等照片，但沒有整理。	
	基本資訊	男性、65歲、與妻子兩人生活在千葉縣市川市。 每天與愛犬在堤防散步，女兒偶爾帶外孫來訪。	
	目標	想整理拍過的照片，享受長時間活動的充實感，想將這些照片做有趣的整理並送給孫子。	

情境	活動劇本	任務
1. 整理重要的照片	中谷先生從以前就有堆東西的習慣，喜歡蒐集陶器，也保留了許多旅行或跟嗜好有關的照片。多年的照片大量堆積，雜亂無章讓他有些煩惱。 旅行時拍的陶器照片，必須歸類在「旅行」跟「陶器」兩種檔案中。但是如果洗成兩張，已經很多的照片數量就更多了。中谷先生個性很認真。 整理好照片的話，找照片時也比較容易。不只如此，看到拍完就忘的照片也會想起當時的記憶，可以跟孫子一起同樂，也深深慶幸自己曾經拍下這些照片。	1. 連接照相機與電腦 2. 讀取 3. 管理 4. 觀看 5. 加工、校正 6. 輸出

圖表4.15　活動劇本的範例

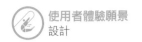

・互動劇本

針對幾個活動劇本，具體套用實現方法，詳細描述互動劇本（見圖表4.16）。評估這一連串的流程是否適用於人物，以及對使用者來說優先順序是否適切，再選擇劇本。

互動劇本	製作者	在家	製作日期	年 月 日	流水編號	AS08-002
	標題	簡單地活用整理蒐集家庭照片				

人物誌			
中谷守	特徵	有大量關於旅行、興趣、孫子、愛犬等照片但沒有整理。	
	基本資訊	男性、65歲、與妻子兩人生活在千葉縣市川市。 每天與愛犬在堤防散步、女兒偶爾帶外孫來訪。	
	目標	想整理拍過的照片，享受長時間活動的充實感，想將這些照片做有趣的整理並送給孫子。	

任務	互動劇本（硬體／軟體／人性體）	規格意見
1. 連接照相機與電腦 2. 讀取 3. 管理 4. 觀看 5. 加工、校正 6. 輸出	從以前到現在拍下來的大量照片，都存在相機或SD卡當中。 以前都是在數位相機畫面上看拍下的照片，但自從相機跟電腦接上就可以簡單讀取照片之後，開始變成在電腦畫面看照片。 收在相簿或盒子裡的舊照片，也已經決定好主題掃描了一些，掃描的量頗多。 興趣很多的中谷先生，照片種類也很多，從前用紙張管理時分類很辛苦，但用電腦軟體整理種類、時間、攝影地點等很有幫助。特別喜歡的照片也可以加入「我的最愛」，給別人看時直接選取即可。 有時候會拍下帶孫子去公園玩的照片，並用電腦軟體編輯後再印出給孫子。看到孫子開心的樣子，自己也很高興。	・拍陶藝品專用的攝影模式 ・簡單操作便可傳送資料 ・相簿編輯社群帶來整理舊照片的契機 ・自動標籤、GPS、社群標籤、評價、共享、我的最愛資料夾 ・用攝影功能拍下亂動的孩子，再擷取出靜止畫面 ・製作拼貼（加工、編輯） ・列印出照片的畫質

圖表4.16　互動劇本範例

・原型的製作

從這些作業當中，選出使用者對照片軟體需求的規格，再針對此設計使用者介面，製作出軟體原型的概念（圖表4.17）。具體地定義活動劇本中描寫的利用情境及互動劇本中設定的任務，再具體地描繪出互動的概念。

3 結論

① 實際安裝後的效果

使用者體驗願景設計雖然是適用於產品、系統、服務企劃階段的設計方法，但在實戰階段也能帶來好的影響，本個案便是一例。

・藉由思考過程的具像化，得以俯瞰整體的使用者體驗

拍照的體驗始於「照相」，以往開發相片軟體時，從未有人意識到這一點。使用者無不希望拍出更好的照片，因此參考其他照片時，如果能看到攝影時的相機設定、攝影位置的地圖、技巧等，將對使用者很有幫助。活用使用者體驗願景設計釐清使用的根本價值及行動，具有可概觀照片使用者整體經驗的效果。

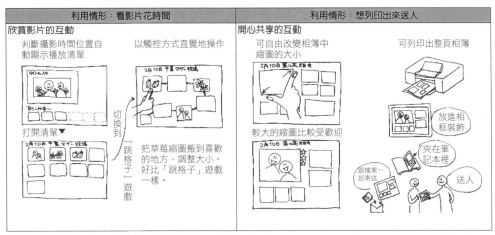

圖表4.17　使用者要求規格與使用者介面的設計概念

・變更條件時的修訂可達最小

在開發產品的實務上，很常因為各種原因不得不變更設計。假如只是變更工具，那麼只需要調整互動劇本就可以因應了。另外，在應用軟體產品化的過程中，就算有一些功能因為時間限制來不及實際安裝，保留在檢討過程中也可以讓人不忘理想、繼續堅持，活用在下一次的開發。

2 運用面的課題

活用本手法時，必須在運用上做以下的工夫。

・分組

依據拍照、觀看、共享等活動來分組，由2~3組人分頭討論，可以更有效率的製作劇本。另外藉由多組來競爭、討論活動劇本，可能讓劇本內容在短時間內更加充實。

・培養主持人

有時成員的討論會過度偏向事業觀點，而偏離了使用者觀點。此時培養可以確實因應、可信賴的主持人來引導，就相當重要。

・讓價值創造的過程扎根

讓與開發相關的全體成員，理解藉由使用者體驗願景設計的討論過程，有助於製造出更好的產品、導向事業成功，將此方法落實於開發過程，扎根在組織裡也是重點。為此，也需要改革成員的觀念。

（在家加奈子、上田義弘：富士通設計公司）

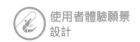

 資訊安全訓練系統的開發

【開發案例／系統】

1 概要

隨著網路服務普及，全球電腦連上網路，資訊的獲得以及B2B（指企業間透過電子商務的方式進行交易）、B2C間的各種電子商務，也都利用網路進行。網路的運用雖然帶來便利，但也相對地讓處理國家、企業、個人資訊的電腦，受到惡意的人或程式威脅，產生安全風險。特別是中小企業，不一定有具備資訊安全相關知識的人，為了預防這樣的意外或風險，必須對相關人員進行教育活動。然而，中小企業包含很多業種，資通訊科技的知識能力落差也很大，沒有明確的具體目標形象，就無法有效進行教育活動。

在本案例中，將要介紹認識資安風險的學習工具，在開發過程中，如何套用使用者體驗願景設計。

2 過程

① 挑出根本價值

為了以更具包容性的觀點選出學習對象、也就是中小企業的資安教育所帶來的價值，由熟知中小企業經營及環境教育的中小企業診斷師及教育研究者、資訊安全專家等人，組成了建議委員會。在建議委員會中討論提升資安意識的價值及將來的願景，總結了這次學習系統的需求要件（見圖表4.18、圖表4.19）。

② 整理出要提供的價值

身為目標使用者的中小企業，在進行資安教育時，不只負責人需參與，經營階層也需要有所理解。因此先經由面談調查後掌握實際狀態，再考量組織內部的人格特性，製作組織人物誌（見圖表4.20），整理出資安教育學習系統提供的價值。

③ 製作劇本

關於學習者的職位以及學習內容，先依據屬性及層級的不同整理後，再以人物誌為基礎，整理成互動劇本（見圖表4.21），並製作內容所需的具體劇本、分鏡圖等。將所有結果彙整後，要求的規格❶如下：「開發出可因應中小企業資安問題的各種需求，並依業種及學習對象（各種職位、職種或年齡層的員工）不同，可自行選擇學習內容的客製化體驗型學習工具❷」。其目標在藉由提供此工具，降低資訊系統的安全漏洞，抑制因資訊外洩或不當存取導致的損害，以提高中小企業資安水準，並普及至一般民眾的啟蒙活動。

■中小企業的現狀及課題

隨著網路服務的普及，中小企業的事業現狀變化如下：

	正面因素	負面因素
內部環境	〔S：優勢〕 · 能因應客戶需求的產品開發能力 · 少量多樣化生產	〔W：劣勢〕 · 資訊管理不足、業務能力差 · IT技術人才不足
外部環境	〔O：機會〕 · 對高附加價值產品的需求 · 網路採購逐漸普及化	〔T：威脅〕 · 全球化的市場競爭 · 資訊安全環境的強化

■課題

希望藉由活用網路，建構新的銷售通路，但沒有資安人才以及相關教育訓練。

圖表4.18　建議委員會的討論資料

	職位角色	劇本、差別化的重點
經營者	· 確立組織的經營體制 · 確立組織的教育體制 · 風險管理及成本意識 · 經營方針明確化 ＊經營方針的明確化包含了制定安全政策， 　以及建構遵循PDCA循環的規則。	· 從組織編制及人才配置等治理觀點，來建構導入及案例重點。 · 接受中小企業經營者關於經營效率或收益性的想法。 · 強調對員工（管理者、一般員工應該要每天呼籲注意的立場。
管理者	· 遵守方針 · 管理自己部門	· 聚焦實務現場會發生的脆弱性，建構導入及案例重點。 · 強調對一般員工應該要每天呼籲注意的立場。 · 加入未做到呼籲或輕忽規則而被社長以及管理者斥責的場面。
一般員工	· 遵守方針 · 實施日常業務	· 聚焦實務現場會發生的脆弱性，建構導入及案例重點。 · 加入日常業務中未做到呼籲或輕忽規則而被社長以及管理者斥責的場面。

圖表4.19　資安學習系統的需求方向

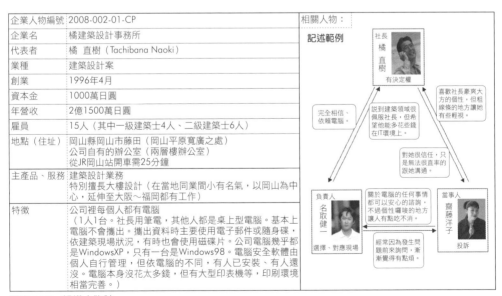

企業人物編號	2008-002-01-CP
企業名	橘建築設計事務所
代表者	橘 直樹（Tachibana Naoki）
業種	建築設計案
創業	1996年4月
資本金	1000萬日圓
年營收	2億1500萬日圓
雇員	15人（其中一級建築士4人、二級建築士6人）
地點（住址）	岡山縣岡山市藤田（岡山平原寬廣之處） 公司自有的辦公室（兩層樓辦公室） 從JR岡山站開車需25分鐘
主產品、服務	建築設計業務 特別擅長大樓設計（在當地同業間小有名氣，以岡山為中心，延伸至大阪～福岡都有工作）
特徵	公司裡每個人都有電腦 （1人1台。社長用筆電，其他人都是桌上型電腦。基本上電腦不會攜出。攜出資料時主要用電子郵件或隨身碟，依建築現場狀況，有時也會使用磁碟片。公司電腦幾乎都是WindowsXP，只有一台是Windows98。電腦安全軟體由個人自行管理，但依電腦的不同，有人已安裝、有人還沒。電腦本身沒花太多錢，但有大型印表機等，印刷環境相當完善。）

圖表4.20　組織人物誌

❶《安全網站經營入門》（安全なウェブサイトと運営入門），獨立行政法人資訊處理推動機構（IPA），建議委員會資料，http：
//www.ipa.go.jp/security/vuln/7incidents/index.html，2009。

❷《5分鐘上手！資訊安全重點學習》（5分でできる！情報セキュリティポイント學習），獨立行政法人資訊處理推動機構
（IPA），http：//www.ipa.go.jp/security/vuln/5mins_point/index.html，2011。

互動劇本編號	2008-002-01-IS
服務劇本宣傳標語 （對象服務）	有備無患，電腦病毒應及早預防入侵。
企業	互動劇本
橘建築設計事務所	年底正繁忙的時候，正在處理會計工作的齋藤小姐用的桌上型電腦風扇突然發出很大的聲音，不斷重新開機。齋藤習以為常地重新開機，但重開機後電腦速度變得非常慢，而且網路瀏覽器自動連接開啟了成人網站。齋藤小姐覺得這樣下去非常危險，立刻詢問了熟悉電腦、管理公司電腦的名取先生。正在忙著工作的名取先生不太情願地來到齋藤小姐的電腦前，馬上臉色大變。
關係人	
橘直樹（Tachibana Naoki） 名取健一（Natori Kenichi） 齋藤洋子（Saito Yoko）	
時間	名取先生立刻拔掉電腦的LAN線，切斷網路服務。電腦變得很慢，檢查一番後，發現了大問題。齋藤小姐的電腦作業系統是舊的Windows98，而且沒安裝防毒軟體。公司內網彼此連結，不知道影響有多大，他相當害怕。自己的電腦雖然裝了防毒軟體，但是不知道影響有多大，所以名取先生立刻向社長建議幫齋藤買新電腦，並且安裝防毒軟體。
2008年12月15日上午10點	
地點	
橘建築設計事務所本社事務所	
狀況	社長回說：「不景氣不想花錢。」不過繼續這樣下去根本無法進行會計工作，於是齋藤小姐高聲主張：「假如電腦一直不能使用會影響會計工作，而且其他電腦也可能受感染。要是影響到設計工作怎麼辦？社長，在資安上省錢反而會讓你化更多錢喔。」
病毒感染	
如何處理	社長只好不情願地對名取先生說，立刻安裝防毒軟體，支持資安活動。名取先生幫使用舊作業系統的齋藤小姐買了新電腦，並灌好防毒軟體後，啟動安全修補處理。另外，他也確認好在這次狀況中有中毒危險的電腦安裝防毒軟體，進行安全修補。
	備份好齋藤小姐舊電腦裡的資料後，掃描過病毒後將資料複製到新電腦裡。經過這次的教訓後，名取先生開始定期檢查電腦的安全性並向社長報告結果，假如發現問題就立刻處理。
刪除病毒並採取恆久對策，讓社長、員工都能安心。	名取先生向社長報告安全後，社長便會向所有員工進行安全宣言。由於這次的迅速處理，齋藤小姐對社長也刮目相看。名取先生接獲社長明確指示：「請名取先生確認所有電腦的安全性。」之後，原本對安全隱約懷抱不安的他也終於能放下心來，從此可以光明正大地檢查任何擔心有危險的電腦。其他的員工也因為消弭了不安，得以重新埋頭在忙碌的業務中，公司的作業效率變得非常高。
	作業效率的提高，讓公司結算數字漂亮，能夠撥給員工福利的預算也變多，公司整體的氣氛變得更好了。

圖表4.21　互動劇本

3 總結

　　本案例中，與具備許多知識和想法的顧問，一起探討了中小企業組織進行資安教育這件事的根本價值為何。將其結果應用在組織人物誌上，可以說是一種嶄新嘗試。

（近藤朗：日立Intermedicks公司）

4-6 # 與旅行相關的手機設計提案
【教育案例 / 產品、服務】

1 概要

　　以千葉工業大學工學部設計科三年級生為對象，活用使用者體驗願景設計作為教學大綱並授課。三年級的實習課程，通常需要提出新設計案，本次將使用者體驗願景設計併入教學中，刺激新概念的醞釀。學生約60名，以4個人為一組進行授課。

　　本次教學目的為「為了產品或服務的資訊設計，實際學會使用者體驗設計法後，製作能向企業提案的作品」。另外，經富士通設計的協助，邀請企業設計人員參加期中發表及期末發表，選出提案優秀作品的學生，待整學期課程結束後到總公司進行簡報。設定主題跟觀察調查以團體活動方式進行，作品製作則屬於個人活動。

　　此課程希望產出高完成度的設計，目標為「實際使用者調查」、「明確的設計概念」、「高完成度的模型」。「實際使用者調查」是指以實際的使用者為對象，進行觀察及訪談調查，以及運用模型的使用者調查。「明確的設計概念」是指製作提高功能性及使用性上的完成度，以及具有魅力的外表和完成度高的造型。「高完成度的模型」是指呈現使用塑膠或金屬等素材製作的資訊產品模型，以及資訊介面的動態介面。

2 過程

　　授課過程，是以人本設計與願景提案型設計法為基礎製作授課大綱，並實施設計演練（見圖表4.22）。開始基本的主題設定與觀察調查後，15週課程的前半段時間是製作

週	主題	內容	使用者體驗願景設計
1	介紹	課程的目的、課題的進行方式	專案的目標
2	主題設定	設計過程以及觀察手法的理解	使用者根本需求
3	觀察結果	觀察結果發表、結構化劇本的理解	價值劇本
4	劇本、草稿	價值劇本、情境草稿的理解	價值劇本評估
5	概念發表	活動劇本的理解	活動劇本
6	想法的展開與詳細草稿	想法的展開與詳細的草稿的理解	活動劇本的可視化
7	產品概念	產品概念的理解	活動劇本的可視化
8	產品模型	產品模型、CG草稿	活動劇本評估
9	資訊產品最終發表	使用者評估方法的理解	企畫提案（產品）
10	使用者評估結果	互動劇本的檢討	活動劇本的評估
11	故事板	草稿、故事板的理解	活動劇本的可視化
12	資訊介面的期中發表	互動劇本的發表	互動劇本的評估
13	資訊介面的模型	最終構造與最終畫面的發表	互動劇本的可視化
14	最終資訊介面	資訊介面的模型發表	企畫提案（介面）
15	最終發表	最終提案發表	企畫提案（總結）

圖表4.22　授課過程與使用者體驗願景設計

資訊產品,後半是製作資訊介面。授課的流程則以使用者體驗願景設計為主,分別為專案的目標、使用者根本需求、價值劇本、活動劇本、互動劇本、企畫提案。各劇本由劇本的記述、劇本的可視化、劇本的評估所構成,不過由於是設計課程,所以花了較多時間在劇本的可視化上。

① 使用者根本需求

　　活用影像日誌法或圖片故事進行觀察調查,再用上下層關係分析法彙整並製作使用者資訊、人物誌(見圖表4.23)。

人物誌：總是少根筋的直覺型活潑路痴學生			
使用者基本資料	姓名	阿部健司(Abe Kenji)	
	年齡、性別	20歲　男性	
	公司名稱	千葉文科大學	
	企業規模、業種	大型學校	
	職種	外文系	
	部門、職位		
	目前住址	習志野市	
	家庭成員	4人家庭、與家人同住。父(58歲、公司董事)、母(48歲、專業主婦)、兄(25歲)	
使用者特徵身體、生活習慣、文化素質、性格、興趣、專長、知識水準等	・170公分。外表佳。 ・約出去玩一定會遲到。 ・在廣大的大學校園中常常跑錯校舍跟教室。 ・常常發呆,一個人閒晃。 ・很享受憑直覺行動時的氣氛。 ・性格穩重笑口常開,但常被說看不出來在想什麼。		
使用者的任務(使用者角色)從什麼樣的人屬於該產品、系統、服務的使用者或利害關係人的角度做整理	・大學生活不忙碌。 ・打工只有平日,週末一定會出去玩。 ・明年底即將開始就職活動,所以目前刻意盡情地玩。 ・住在家裡,父親在公司擔任要職,因此家境富裕。現在也還接受家裡的金錢援助。		

圖表4.23　人物誌的範例

② 價值劇本

　　從使用者資訊或人物誌開始製作劇本(見圖表4.24),並從情境草圖(見圖表4.25)進行可視化,透過發表來評估。

價值劇本	製作者	黑板	製作日期	年　月　日	流水編號	
	標題	享受路痴,感受回憶				

對象使用者
珍惜路痴氣氛的大學生

使用者資訊	使用者根本需求	價值劇本	情境
路痴大學生。 看地圖也無法到達目的地。 怕麻煩的人。	偶然的遇見,發現。 帶著走。 珍惜當下的氣氛。 用照片等留下記憶。	怕麻煩又愛旅行的路痴學生要正確地到達目的地。 留下記憶。 獲得某些感受。	1. 一個人旅行到目的地。 2. 將旅途留下紀錄。 3. 記住旅行地點的氣氛。 4. 想起某個瞬間。

圖表4.24　價值劇本範例

③ **活動劇本**

從價值劇本假設活動劇本 （圖表
4.26），對模型設計製作及行動進行可視
化，藉由訪談實施使用者價值。

④ **互動劇本**

從活動劇本假設互動劇本，對模型
或圖形使用者介面的快速模型法進行可視
化，透過發表進行評估。

圖表4.25　情境草圖範例

活動劇本	製作者	黑板	製作日期	年 月 日	流水編號	AS09-001
	標題	「啊」（阿部健司）				

人物誌的目標	對象人物誌	ID	P09-001
留下回憶、感受	阿部健司（Abe Kenji） 總是少根筋的直覺型活潑路痴學生 男性、20歲、單身、住家裡、文科大學		

情境	活動劇本	任務
討論活動劇本的情境 1. 旅行→日常	健司去年夏天到鎌倉旅遊。從鎌倉站下車的瞬間，不知道為什麼一陣怦然心動，於是使用工具讓自己記住當下的氣氛。後來結束了開心的鎌倉旅遊。 一年後的夏天…… 不知不覺過完暑假，健司突然有種感覺。 他想著想，拿出工具並打算喚起記憶。後來終於想起了去年去鎌倉的照片，沉浸在回憶中。	1. 鎌倉旅行 2. 到達車站 3. 怦然心動 4. 用工具記憶 5. 日常 6. 用工具喚起記憶

圖表4.26　活動劇本的填寫範例

⑤ **企畫提案**

進行產品與介面互動劇本可視化的同時，也要實施最終企畫提案的簡報。

3 總結

在本案例中，以設計系學生為對象，用人本設計跟體驗願景設計法製作教學大綱並
進行授課。學生們也藉由學習本手法後實際設計，進而學會了資訊設計的基礎。設計系
上課的時候，劇本相關的時間還有創作的時間之間的平衡是很重要的，但這個教學大綱
中，創作時間稍嫌不足。這部分在修完課程後到向企業提案為止的個人創作時間中可以
補足。課程結束後的兩個月後，學生在富士通設計總公司進行了簡報，提案的內容獲得
了極佳評價。　　　　　　　　　　　　　　　　　　　　　　（山崎和彥：千葉工業大學）

4-7 新世代的ICT願景提案

【教育案例／產品、服務】

1 概要

這次是千葉大學工學部設計學科與富士通設計，針對近年實施的「新世代的ICT願景提案」，持續活用使用者體驗願景設計的案例。在這裡要介紹的是到目前為止活用使用者體驗願景設計的變遷及其作品變化，還有對使用者體驗願景設計的回饋。

2 過程

① 導入使用者體驗願景設計以前

先介紹在導入使用者體驗願景設計之前，其設計開發的過程與代表作品。他們以「迎向普及時代的ICT願景提案」這個主題演練了三年時間。

第一年他們從資通訊科技現狀的調查以及既有產品的調查分析開始，在思考新的ICT願景過程中，實施了使用者體驗願景設計。第二年設定了店面、醫院及公共空間等提案對象的「地點」，進行所需的ICT運用之虛擬開發，然後根據蒐集到的假設，實施使用者訪談，創造出願景。

第三年時，將提案限定於學生生活上後，進行了所需的ICT支援之虛擬開發，實施問卷調查進行多變量分析（Multivariate Statistical Analysis，為統計學中的一支，主要用於分析擁有多個變數的資料，探討資料彼此之間的關聯性或是釐清資料的結構），找出新願景的提案重點。虛擬開發以腦力激盪法讓學生自主進行，並參考公開提案案例，讓學生提出自己的想法。

代表作品為可普遍存在這個普及社會中的資訊，但資訊本身無法看到。因此使用者在操作資訊時缺乏真實感。新世代的資訊操作需要「真實感」跟「自然的操作」，因此出現了很多著重操作資訊之畫面顯示和講究操作動作的實體使用者操作介面提案。

有許多作品都著眼於使用者與資訊的互動以及資訊的可視化，也有不少作品，其提案內容令人質疑是否在將來的社會生活中有需求。學生自己也在最後的總評比會上表示：「老師，這有點多餘。」真正能夠創造出符合使用者根本需求的提案比例很低。

② 導入劇本手法

根據這三年的經驗可知，以既有市場及既有環境的分析為基礎進行腦力激盪很難掌握將來的願景。因此從第四年開始，為了虛擬開發，導入了用「圖片故事法」探索價值觀的過程，以及用「影像日誌法」從使用者的行動觀察獲得新發現的過程。

由於導入這些過程，增加了許多能刺激使用者潛在慾望的提案。這應該是因為在虛擬開發的階段採取了圖片故事法的緣故。圖片故事法雖然不是直接創造願景的手法，卻

可以「讓虛擬開發的目的更明確」，讓整體設計開發過程，組員能更明確地意識到「使用者所獲得的價值」。

代表作品有「即時街上需要幫助的人，以及想當志工者的服務和提供服務的終端設備」，還有「提供想學習英文會話的人，在生活中各種情境接觸英文對話的機會之服務及其產品」等，增加了許多讓人有興趣嘗試使用的提案。

但是仍然有許多作品的對象使用者，與提案產品之間的關聯性模糊，缺乏與使用者之間的適合度。因此強化提案內容與對象使用者之間的適合度，便成了新的課題。

③ 導入人物誌手法

為了讓學生思考適合使用者特性的設計，從第五年開始導入了「人物誌手法」。當時人物誌手法剛開始應用於軟體開發，逐漸確立為一種手法。

那一年代表性的作品是「讓在街頭唱歌的年輕人以及在一旁的年輕人，可以合唱享受音樂的參與型線上音樂服務以及為此設計的終端裝置」。

導入人物誌手法後，從互動階段到產品發展，學生都能更明確意識到對象使用者。然而很多提案從決定服務到產品的發展過程欠缺精緻度，提案內容的討論也不夠深入。

④ 導入結構化劇本

第六年開始導入使用者體驗願景設計的結構化劇本，活用工作表，將輸入與輸出明確化，採取階段性描繪劇本的過程。

代表作品有以「自動照相服務」為題，「活用設置於街上的監視攝影機這種社會基礎設施，提供單獨旅行的旅客拍照服務及其產品」的提案（見圖表4.27）。課堂上學生分組討論服務內容，產品則各自設定人物誌及使用情境來提案。同樣的服務因應對象使用者以及使用情境，發展出各式各樣不同的產品設計，呈現豐富充實的提案內容。

但是「如何產生能得到共鳴的服務」則依然有賴學生個人的想像力，這個區塊尚無法確立方法，成為今後的課題。

⑤ 導入找出使用者根本需求的手法

從第七年開始，導入了使用者體驗願景設計中，用來討論使用者根本需求的上下層關係分析法。具體來說，思考要讓使用者感動的服務時，必須先思考什麼是感動，以上下層關係分析法找出構成感動本質的因素、將其結構化。然後將思考實現這種狀況應該具備何種服務的思考過程導入上游工程，實施設計開發。

這一年跟隔年的代表作品為「思考新溝通方式所提的『對話框』服務及其使用的終端裝置」，以及「大型看板的支援購物服務『Meet』」等，產生了許多成功找出使用者根本需求的作品，確認了此手法的有效性。（見圖表4.28、圖表4.29）。

Cycloop
千葉大学工学部デザイン工学科宮沢系
デザインマネージメント研究室
学部4年 塩野一翔

使用多張電子紙
提供給單車旅行者的照片服務

重視旅途中的相遇機緣

電子ペーパーの特徴として、紙では再現も表現も難しいような動きのある情報が一枚あれば表示することができることである。今回は電子ペーパーの写真を複数枚用い、旅の仲間と交換を繰り返していくことで、旅における「一期一会」を大切にすることを提案している。人は自分の切り取りたい瞬間が必ずしも一人ではなく、多くの人と出会うことだけではない。多くの人と別れることも必要であり、そのことによりより一人一人の場所との出会いが強く感じられるようになるだろう。

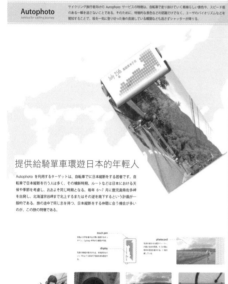

提供給騎單車環遊日本的年輕人

Autophotoを利用するターゲットは、自転車で日本縦断をする若者です。自転車で日本縦断を行う人は多く、その撮影時期、ルートなどは日本における天候や季節を考慮し、おおよそ同じ時期になる。毎年6〜7月に鹿児島南端を各県を出発し、北海道宗谷岬まで北上するまたはその周辺を南下するという計画が一般的である。旅の途中で同じ志を持ち、日本縦断をする仲間に会う機会が多いのが、この旅の特徴である。

7枚のPhotocardで多くの写真を表示する

Photocardの内蔵には常に自分の写真が表示されている。以前の写真が見たい場合は、トランプを切るようにシャッフルすることで手前に順々な写真が表示される。また、ペンを使ってコメントを書くこともでき、最後に自分のサインを書き込めばコメントが保存される。

新しい出会いを写真でつなげていく

毎回撮影中途の駅などで出会う旅の仲間、名刺を交換するようにPhotocardを交換する。交換したPhotocardに相手の写真が描くようになる場合は、別れを告げ、新しい仲間を迎え入れる。旅と共に彼らの写真の絵も変化していく。

旅を振り返るひとときを

旅の仲間の多くは、ユースホステルなどで相部屋を活用することも少なくない。そのような場合に、自分の会場の写真をお互いに何が好きかなど出し合わせてそれぞれの写真を全てスライドショーとして楽しむと、旅での一期一会も、大切に。

圖表4.27　自行車單身旅行用的自動照片服務

虛擬現實溝通服務
「對話框」

千葉大学工学部デザイン工学科富松系
デザインマネージメント研究室 学部4年
奥村香子 / 池ヶ谷英輝

「對話框」小組

何謂「對話框」？

この携帯を使っていつでもどこでも仮想現実にアクセス。人々の頭にうかんだフキダシをチェックして新たな世界を楽しむ事ができます。仮想空間と現実空間、人と人、2つの世界をフキダシケータイで楽しもう。ようこそ、フキダシの世界へ！

Fusic

千葉大学工学部デザイン工学科宮松系
デザインマネージメント研究室
学部4年 池ヶ谷英輝

「對話框」小組

現実拡張を用いた
ライブコミュニケーションサービスの提案

圖表4.28　對話框溝通服務及其終端裝置提案

圖表4.29　大型看板的支援購物服務Meet

3 總結

　　八年來的變遷為①導入圖片故事法、圖像日記手法等劇本手法②追加人物誌手法，還有③為了精緻化提案內容導入結構化劇本，④為了抽出使用者潛在尋求的根本需求，導入上下層關係分析法，完成使用者體驗願景設計，且加以活用。

　　於是立志成為設計師的學生，也能提出有效的提案。藉由活用使用者體驗願景設計，不光能提高提供未來人類生活根本價值設計的提案機率，同時也能達成重做機率較低且有效率的產品開發。

（上田義弘：富士通設計公司）

4-8 牛仔褲的設計提案
【教育案例／產品、服務】

1 概要

1 專案背景

　　岡山縣倉敷市的在地產業之一，是以牛仔褲與制服、學生服等為中心的纖維產業。本個案將主要據點放在該市的「協同企業」，是製造縫在衣物上的標籤或名牌等的服飾材料製造商。本案例是該公司與倉敷藝術科學大學藝術學部設計學科的產學合作專案。

　　一般來說，流行與個人的興趣、嗜好有密不可分的關係，所以流行服飾領域的設計開發，特別重視呼應使用者根本需求。因此，運用從使用者根本需求出發的人本設計過程，來發想具創意的使用者體驗願景設計相當有效，除了發想新的服飾材料的創意，也嘗試在設計教育中確認、驗證此手法的效果。

2 專案的概要

　　專案實施約三個月。參加的學生為產品設計系及圖面設計系三、四年級的有志學生17名，分成6組。他們從合作企業獲得業界動向的講授、工廠實習提案的檢討、評估等多項指導。

3 專案主題及目標

　　專案主題為「倉敷客製化牛仔褲的設計提案：創造服飾材料的新魅力、新價值」。「倉敷客製化牛仔褲」是由總公司在倉敷市的Betty Smith公司企畫製造銷售，單價為3～5萬日幣的客製化手作牛仔褲。專案目標是以服飾材料的提案，來提高「倉敷客製牛仔褲」對使用者或者事業的價值。

2 過程

　　從使用者根本需求與事業活動方針，創造出價值劇本，以價值劇本為基礎描繪出人物誌的具體活動及互動劇本，導出對設計的要求事項，連結到服裝材料的設計提案。最後，在協同企業與Betty Smith公司進行簡報，獲得了使用者及事業兩個觀點的評價。

　　六組中共提案了八件設計。其中三件提案標題如下（見圖表4.30～4.32）。

　　①故事簡介～連結製作者與使用者情感的服裝材料～

　　②My Special HAGIRE～世界唯一逸品～

　　③二人同行～穿著走，穿著創作。My Vintage～

　　使用者體驗願景設計雖然提倡，用結構化劇本分寫三階段的劇本，但是在本案例中，活動劇本與互動劇本是一體的。這是因為服裝相關產品比起IT產品，互動要素較少，

活動劇本與互動劇本也比較難分割。這樣的特製做法，對第一次學習人物誌及劇本手法的學生來說，比較容易理解，而且因為劇本是一起被製作出來的，所以對於需要很多創意的狀況來說更有幫助。

提案標題：故事簡介～連結製作者與使用者情感的服裝材料～

人物誌			設計提案

**想犒賞自己的努力女性編輯
森本雛子（Morimoto Hinako）**

52歲、女性。雜誌編輯。住在熊本縣。兩個孩子已經獨立，目前跟丈夫兩人一起生活。在工作上很受倚重。興趣是一個人旅行與攝影。有自己堅持的品味。

使用者根本需求	價值劇本	活動劇本＆互動劇本
想犒賞努力的自己一份禮物。 想更了解自己的客製牛仔褲，更加喜愛。	服裝材料是可以傳遞製作者堅持信念的一種工具，（使用者）會因此更喜歡穿自己的牛仔褲。 （製作者）可以獲得支持者，變成常客。也可期待口碑被傳開。	（略） 雛子小姐訂製的牛仔褲送到了。打開包裝，裡頭附上了一本小冊子。上面有雛子小姐牛仔褲製作過程的照片。來店裡量尺寸後，還有剪裁縫合等種種工序，每一種工程的師父，都手寫了一段自我堅持或溫暖的訊息。另外，為了確認各工程的品質，也蓋上檢印章。雛子小姐了解了製作者的堅持與用心後，覺得一定要好好珍惜這條牛仔褲。

事業活動方針

除了製作者本身得到滿足之外，直接將想法傳達給使用者，加深彼此的關係，將來也可以繼續維繫顧客關係。

圖表4.30　提案①的設計詳細內容

提案標題：My Special HAGIRE～世界唯一逸品～

人物誌			設計提案

**對居家裝潢很講究的牛仔褲迷
藤川隼人（Fujikawa Hayato）**

28歲，居家裝潢設計師。住在橫濱市。興趣是蒐集中古世紀家具。獨居。喜歡有自己特色東西。希望做出有個性的居家裝潢。

使用者根本需求	價值劇本	活動劇本＆互動劇本
希望主張自己的個性、向人誇耀。 希望穿上自己獨有的牛仔褲。想沉浸在特別的感覺裡。	世界唯一的客製牛仔褲，因其使用的服裝材料，可以讓（使用者）感覺擁有特別的東西，提高滿意度。 這項（事業）可以培養忠實粉絲（狂熱分子），變成顧客。	（略） 寄給隼人先生的客製牛仔褲中，還有另一個包裹。打開後發現裡面有自己的客製牛仔褲裁剪後多餘的布料。布料裝進畫框裡，變成裝飾品。 他立刻穿上世界唯一的客製牛仔褲，並且將這世界唯一展示板掛上牆。 「這是最棒的裝飾品！」隼人先生立刻打電話給朋友，約朋友來開家庭派對。

事業活動方針

加倍刺激客製牛仔褲的獨特感，可以培養狂熱又忠實的顧客。

圖表4.31　提案②的設計詳細內容

提案標題：二人同行～穿著走，穿著創作。My Vintage～

人物誌		設計提案

希望退休後可享受第二人生
澤森勝男（Sawamori Katsuo）

60歲，男性。對喜歡的東西很堅持。年輕的時候喜歡機車。
牛仔褲第一世代。享受專屬於自己的時尚。

使用者根本需求	價值劇本	活動劇本＆互動劇本
希望留下第二人生開始的紀念。	藉由提高專為四國遍路設計服裝材料的經典感。	（略） 因退休開啟第二人生的澤森先生，決定了四國遍路的朝聖之旅。他從名古屋的自家騎著心愛的機車到倉敷市。到四國之前，先在這裡購買遍路相關產品。
事業活動方針	（使用者） 與客製化牛仔褲同刻畫新的人生，獲得真正的經典款。	在客製牛仔褲店裡買到的牛仔褲不只是適合騎士風格，兩邊褲管貼上的細長皮革名牌，正好可以讓各個不一樣的寺廟蓋上御朱印的御朱印帳。橫越四國的澤森先生，立刻到第一號札所的靈山寺。參拜後，在納經所蓋上了御朱印在他的皮革名牌上。
提案非加工過的經典款，而是客製化牛仔褲才有的真正經典款。 活用倉敷是四國的入口這個地點特性。	（事業） 提供與客戶一同走過人生的牛仔褲，徹底地創造出品牌價值。	（中略） 四國遍路旅程到了後半，澤森先生現在在愛媛縣。牛仔褲已經變得符合體型，而且蓋了60個御朱印在上面。「跟我的年紀數字一樣啊。跟我一起走過遍路旅遊的牛仔褲就像我的分身一樣。這才是屬於我自己的真正經典款。」澤森先生真正感覺到第二人生的精采了。

圖表4.32　提案③的設計詳細內容

說明：四國遍路是日本弘法大師空海在1200年前開拓的巡禮道，前往寺廟巡禮的朝聖者或觀光客，手上多半會拿著「二人同行」的金剛杖，二人同行是指「與大師二人同行」的意思。

3 總結

在提案中，出現許多服裝材料上前所未有的嶄新創意，獲得合作企業及提案對象企業的高度評價。他們認為這些創意不只回應了使用者的要求，也明確定位出事業的策略位置。

另一方面，參加專案的學生在訪談中表示：「透過活用人物誌與結構化劇本，讓對設計的要求變得明確，也更容易彙整。」、「思考對企業的價值讓創意變得不再只是靈光一現的想法，而是更有現實感，可以製作出高品質的產品。」學生不只需要思考使用者要求，更得融合企業活動方針的價值劇本（設計概念）及創意，考量因素眾多，相當辛苦，但是也正因如此，他們的創意更加寬廣，更容易找到方向。

本專案最後的設計提案讓合作企業獲得超乎預期的成果，學生也對體驗願景設計的有效性及滿意度有高度評價，可以確認本手法可有效運用在大學的設計教育上。

另外，本專案已確認了簡易版的結構化劇本之有效性，但配合這種專案主題的使用者體驗願景設計之客製化，為今後應進一步檢討的課題。

（柳田宏治：倉敷藝術科學大學）

4-9 以壽險為主題的宣傳提案

【教育案例 / 服務】

1 概要

　　在日本，壽險的投保率很高，但二十幾歲的族群投保率卻不太高。調查20～40歲的男女網友對壽險的資訊蒐集或合約有什麼認知進行調查的結果，在未投保壽險的人當中，20歲以上網友的理由是「沒有特別理由，只是沒有投保機會」，次多的理由是「沒有預算」。因此，針對年輕人，特別是覺得「沒理由」、「沒必要」的學生，要用什麼方法才能讓他們考慮投保，已成了保險公司的課題。於是，在經營學部的研討班課堂上，以「適合年輕人的保險宣傳方法、針對年輕人的手法」為主題，研究並套用了使用者體驗願景設計。

2 過程

① 調查

　　2010年1月，針對大學生296名（男：231名、女：65名）實施了問卷調查。調查結果得知學生對保險關心度很低，認為不想投保的學生與回答「父母（親人）幫忙加保」、「父母（親人）可能已投保」、「不清楚」的學生比例幾乎一樣（圖表4.33）。

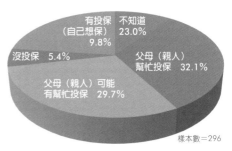

圖表4.33　投保狀況的問卷調查結果

② 結果

　　以調查結果為基礎，將人物誌設定為「保險意識低落的大學生」，依據使用者體驗願景設計的程序，討論了企畫案（見圖表4.34）。討論過程中製作的「使用者根本需求」、「價值劇本」、「活動劇本」、「互動劇本」見圖表4.35～4.38。最後，終於描繪出保險宣傳服務的藍圖（見圖表4.39）。

3 總結

　　由討論的結果可以看出，以使用者體驗願景設計，企劃出適合、貼近年輕人的保險宣傳方法。這種方法有設定的人物誌特徵，也導出了明確的提案。今後也預計使用於各種服務跟產品企畫等。

（飯塚重善：神奈川大學）

人物誌	製作者		製作日期		年　月　日	流水編號	
	標題						

人物 一句話表達特徵及目標	個性大而化之，開始意識到要為未來打算的大學生

基本資料	姓名	大石真希	
	年齡、性別	21歲　女性	
	公司名稱	神奈川大學 經濟學部 國際經營學部	
	企業規模、業種		
	職種		
	部門、職位		
	目前住址	神奈川縣平塚市	
	家庭成員	（7人家族）父、母、弟、祖父、祖母、叔父	

使用者特徵 身體、生活習慣、文化素質、性格、興趣、專長、知識水準等	靜岡縣濱松市出生。現在一個人住在神奈川縣，雖然一個人住在神奈川縣，但預計回老家附近就職。現在在麵包咖啡廳打工。最喜歡棒球，春夏兩季會去看高中、大學的棒球比賽，也會去甲子園、神宮球場。喜歡專業球賽，也是埼玉西武獅子的球迷，一個月會去一次西武巨蛋看棒球比賽。 週末不是打工就是出去玩，過得很充實。每星期六會去上廣播專門學校，常常跟女性朋友出去吃飯，喜歡好玩的事情。 對未來還沒有想很多，但已經開始意識到應該要為將來打算。但也沒有因此存錢，並不了解有什麼樣的保險以及保險的運作方式，覺得開始上班後再開始投保就好了。
使用者的功能 （使用者角色） 從什麼樣的人屬於該產品、系統、服務的使用者或利害關係人的角度做整理。	個性大而化之，旁人都說她看起來好像沒煩惱。朋友很多，喜歡逗人笑。想從事能傳達訊息給他人的工作。經常有人找她談心事。 很容易累積壓力。身體差，一個月跑一次大學醫院。醫藥費都是父母支付所以不知道金額。 關於保險，只知道父母好像有幫自己投保，但完全不知道保了什麼內容。由於現在正在流行婦女病，所以每次去醫院就會開始擔心將來。想了解女性疾病保險。
使用者的目的 （使用者目標） 透過該產品，使用者與利害關係人希望達到什麼樣的效果（目標）	將來想要從事在人前說話的職業。為了從事傳達訊息給他人的工作，正在學習說話的方式，也經常讀報。 因為將來也得跑醫院進行治療，所以想先針對醫療費用做準備，將來萬一隨時生病了可以不用為錢煩惱。 結婚、生產後也會考慮家人的保險。
使用者的偏好 （品牌喜好） 關於此產品使用者在什麼樣的狀況下有什麼樣的偏好	盡可能想找便宜但有保障的保險。開始工作後，希望可以自己選擇保險投保。想找跟棒球有關的保險公司。

圖表4.34　人物誌

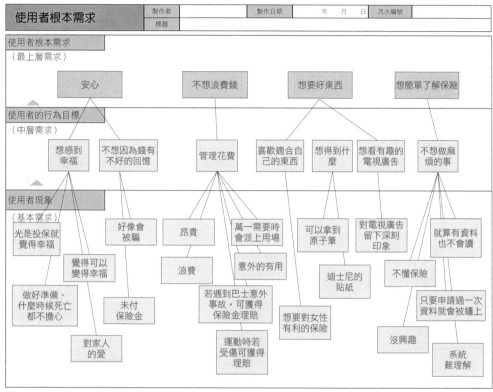

使用者根本需求	製作者		製作日期	年　月　日	流水編號	
	標題					

圖表4.35　　使用者根本需求分析

價值劇本	製作者		製作日期	年　月　日	流水編號	
	標題					

使用者與利害關係人的名單	角色的假設	角色
25歲以前的大學生 保險公司	未加入保險的大學生。 目前對保險沒興趣的人。	未加入保險的大學生

使用者資訊	使用者根本需求	價值劇本	情境
現在這個時間點還沒有開始考慮到將來，但已經開始意識到將來。 沒有存款，保險的種類或系統完全不了解。希望開始上班後再投保。	1. 就職前想先簡單地慢慢理解保險的知識 2. 想了解女性保險 3. 婚後除了自己，也想幫家人投保 4. 尋求便宜且有保障的保險	對保險沒興趣的年輕人（大學生），希望可以得到簡單的保險知識，而且也可以了解適合自己的保險。	1. 在學校接觸保險的簡介 2. 查看保險公司的行動網頁，加深對保險及該公司的知識

事業資訊	事業活動方針
與客戶一起思考，每個人人生中可能發生的事情及風險，從各式各樣的保險當中提供答案。	趁早提升年輕人（大學生）對保險的知識及對保險公司的認識，並於投保時選擇本公司。

圖表4.36　價值劇本

活動劇本		製作者		製作日期		年　月　日	流水編號	
		標題						

人物誌的目標	人物誌		ID
想慢慢地了解一些簡單的保險知識	未加入保險的大學生		

▼

情境	活動劇本	任務
1. 在學校接觸保險的簡介 2. 查看保險公司的行動網頁，加深對保險及該公司的知識	確定在老家附近找到工作也安心下來的真希小姐，某次偶然拿到保險的簡介並看了內容。簡介中畫了關於投保內容的漫畫，很容易看也很好懂。 真希小姐看完後，用手機看了該保險公司的行動首頁。背景跟文字的顏色很調和，活潑的氣氛讓她印象很好。她一邊覺得保險的說明內容易懂，一邊讀著保險內容、投保的優惠方案。真希小姐很希望有符合自己興趣的優惠方案。	1. 拿到簡介 2. 看簡介 3. 閱覽保險公司的行動首頁

圖表4.37　活動劇本

互動劇本		製作者		製作日期		年　月　日	流水編號	
		標題						

	對象人物誌		ID：
	大石真希 （Oishi Maki）	個性不拘小節，多少開始意識到要為將來開始打算的大學生 女性。21歲。大學生。與父母分開一個人生活。	

▼

任務	互動劇本（硬體／軟體／人性體）	規格意見
1. 拿到簡介 2. 看簡介 3. 閱覽保險公司的行動首頁	2011年6月，真希小姐確定錄取老家附近的工作，放下心中大石。 當月下旬，真希小姐和家人一起去西武巨蛋看兩大聯盟交流戰（埼玉西武獅VS讀賣巨人）。 到了球場，入口的票務人員檢查票券後，他們進入內野座位區。內野工作人員一邊帶位一邊說著「這邊請」後，將撕下的票券、氣球及保險公司的簡介交給她。 簡介的封面是棒球選手，內容是棒球選手解說保險，由文章與漫畫構成，感覺好像在跟最喜歡的棒球選手一起學習保險知識，很親切也容易理解。 螢幕上開始播放棒球選手的保險廣告影像（僅限球場播放）。 比賽開始前，場內廣播：「入場時拿到的簡介中有保險公司的氣球，氣球可在7局結束後及比賽結束後使用。」 7局結束後，大家放開氣球的同時，螢幕上播放了棒球選手的保險廣告影像（僅限球場播放）。 簡介裡也有保險資料的申請表單，該申請表上可以分辨是從球場發出去的。 比賽結束後，跟家人一起踏上歸途，途中一邊看著簡介，母親一邊說了關於保險的事情。母親說：「開始工作後，就要自己投保了，稍微研究一下吧。」所以她掃描了簡介後面附上的QR code並開始瀏覽保險公司的網頁。 網頁上寫著「為您簡單地介紹保險產品」，還有「投保方法」、「適合您的保險是？」、「保險內容」等項目。	·看棒球比賽 ·交出入場券 ·拿到簡介 ·在球場發簡介 ·棒球選手介紹保險（用文章及漫畫介紹） ·在球場（螢幕）上播放由棒球選手拍攝的保險電視廣告影像 ·申請資料（可識別由球團發送） ·閱讀簡介 ·讀取QR code（閱覽保險公司行動首頁） ·顯示保險介紹項目

圖表4.38　互動劇本

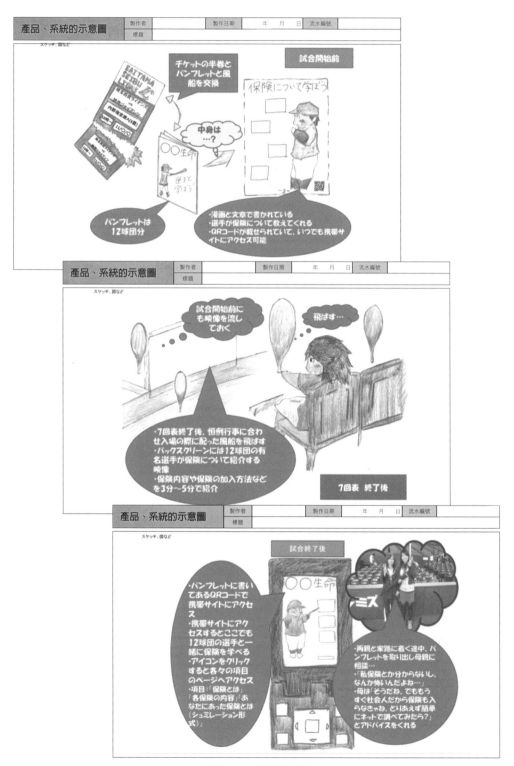

圖表4.39　服務示意圖

4-10 飲料企業的餐廳服務
【工作坊案例 / 產品、服務】

1 概要

本個案的工作坊的主題為「巧克力相關事業發展」（見圖表4.40）。

工作坊實際時間8小時，由6位初次見面的成員組成團隊，並針對其中一位指導使用者體驗願景設計。對於主題「巧克力」，讓參加者進行一對一對談，獲得關於巧克力的基本資訊後展開工作坊。

假設在這裡介紹的提案是飲料企業，其目的是推動「以主力產品酒類為基礎，開發好喝的水及健康食品、健康飲料等，結合IT及健康、療癒的解決方案（例如餐廳）」之事業策略。

圖表4.40　以「巧克力」為主題的工作坊

另外，目標顧客的角色，設定為中高齡的上班族。根據此設定，決定了向企業提出的服務提供方針如下：

①開發不特別重視酒的服務業態。

②往健康產業邁進。

③提升酒類的需求。

2 過程

① 找出使用者根本需求

關於巧克力的訪談中，小組成員用蒐集的資料為基礎，將使用者要求上層化，並從行為目標29項中選出了「想玩」、「想表現格調」、「想建立良好關係」、「想轉換心情」、「想要獲得健康」、「想品嘗食材味道」、「隨時都想吃」、「想吃好東西」、「想開心地吃」等九項使用者根本需求（見圖表4.41）。在這個階段成員們表示，已確認這次手法與KJ*法不同。

＊KJ法
KJ法的創始人是東京工人教授、人文學家川喜田二郎，KJ是他的姓名的英文縮寫。川喜田二郎在多年的野外考察中總結出一套科學的發現方法：把乍看根本不想蒐集的大量事實，如實地捕捉下來，透過對這些事實進行組合和歸納，來發現問題的全貌，建立假説或創立新學説。後來他把這套方法與腦力激盪法結合，發展成包括提出設想和整理設想兩種功能的方法。

由於KJ法能將未知的問題、未曾接觸過領域的問題的相關事實、意見或設想之類的語言文字資料收集起來，並利用其內在的相互關係做成歸類合併圖，以便從複雜的現象中整理出思路，找出解決問題的途徑，所以自1964年發表以來，便成為日本最流行的一種方法。

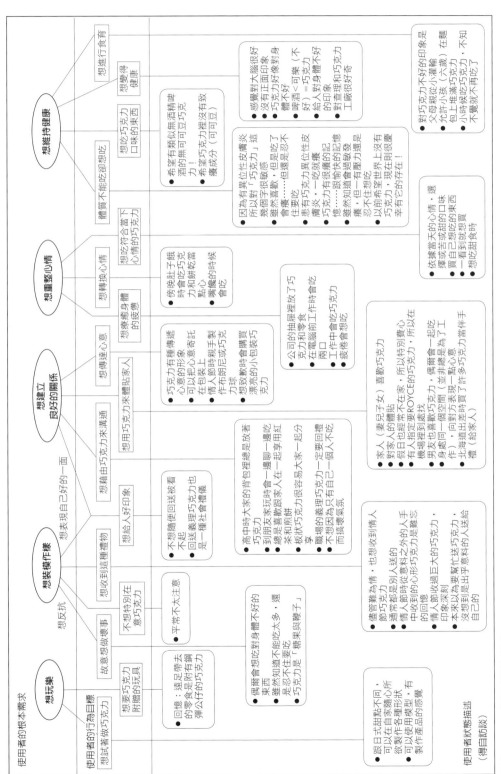

圖表4.41-1　使用者根本需求

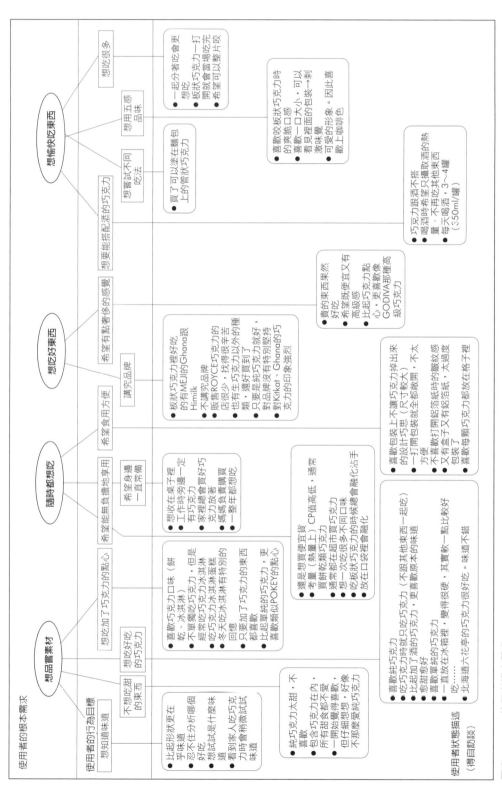

圖表 4.41-2　使用者根本需求

② **價值劇本的展開與評估**

推展價值劇本時，設定角色為「喜歡喝酒但也在意健康的中高齡男性」（見圖表4.42）。再從九項根本需求中挑出幾項，讓成員各自發想創意。他們各提出了兩、三個提案，並針對符合角色與事業活動方針的項目進行討論，決定出以下三個提案：

①「酒精之友、健康之友」巧克力。

②「可可豆酒保」。

③吸引人的「可可豆酒吧」。

根據模板的評估表，以舉手方式評分，然後選擇分數最高的提案③。選擇時，令人容易聯想到內容的明確名稱及關鍵字較為有效，成員們也針對事業活動方針及使用者根本需求的平衡性進行討論。

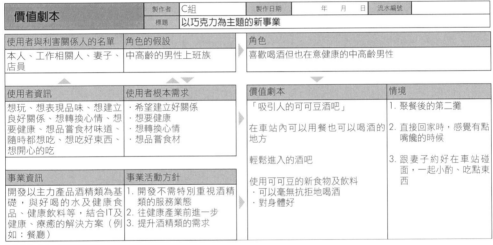

價值劇本	製作者	C組	製作日期	年　月　日	流水編號	
	標題	以巧克力為主題的新事業				

使用者與利害關係人的名單	角色的假設	角色
本人、工作相關人、妻子、店員	中高齡的男性上班族	喜歡喝酒但也在意健康的中高齡男性

使用者資訊	使用者根本需求	價值劇本	情境
想玩、想表現品味、想建立良好關係、想轉換心情、想要健康、想品嘗食材味道、隨時都想吃、想吃好東西、想開心的吃	·希望建立好關係 ·想要健康 ·想轉換心情 ·想品嘗食材	「吸引人的可可豆酒吧」 在車站內可以用餐也可以喝酒的地方 輕鬆進入的酒吧 使用可可豆的新食物及飲料 ·可以毫無抗拒地喝酒 ·對身體好	1. 聚餐後的第二攤 2. 直接回家時，感覺有點嘴饞的時候 3. 跟妻子約好在車站碰面，一起小酌、吃點東西

事業資訊	事業活動方針
開發以主力產品酒精類為基礎、與好喝的水及健康食品、健康飲料等，結合IT及健康、療癒的解決方案（例如：餐廳）	1. 開發不需特別重視酒精類的服務業態 2. 往健康產業前進一步 3. 提升酒精類的需求

圖表4.42　**價值劇本**

③ **人物誌與活動劇本的發展**

這次的人物誌是從特別設定的六名人物中，選擇了符合角色的自營業主50歲男性，並以此人物誌來設定三種情境。

原本情境設定應該是在選角階段進行，但是本案例最好先想像人物誌較容易進行。活動劇本的展開是以腦力激盪的方式，再創造出行為（見圖表4.43）。基本行為由組長先提出，其他的成員再提出其他的想法或想像加入該行為當中，記述這些內容，慢慢增加劇本的豐富度。

活動劇本的評估不是針對單一的情境，而是針對全體再加入各評估觀點的意見，當作發展互動劇本時的注意事項。

活動劇本		製作者	C組		製作日期		年　月　日	流水編號	
		標題	以巧克力為主題的新事業「吸引人的可可豆酒吧」						

人物誌的目標	人物誌		ID：
雖然很喜歡喝酒，但也很注重健康	酒精與健康……擁有兩種矛盾興趣的50歲商務人士	自己經營顧問業的山本浩先生，與妻子兩人一起生活。很喜歡異業交流會，最後總會去喝酒。因為在意健康，所以下酒菜總是選擇蔬菜棒或生菜沙拉。	

情境	活動劇本	任務
聚餐結束後的第二攤	跟客戶喝完酒，準備尋找第二家店。等換車時聞到可可豆的香味，發現可可豆酒吧。因為還喝得下，決定再去喝一杯。 店內氣氛就像義大利的酒吧。走進店裡有個立飲的吧檯。詢問酒保「有什麼推薦」後，酒保邊說「您覺得這些如何？」一邊推薦了幾項產品。 菜單上有詳細內容。大家看著菜單並向酒保點餐。酒保一邊看吧檯內的點菜單一邊確認點餐。 過了一會，酒保端出了當下酒菜的可可豆料理及沒見過的新種類酒。 結帳時嗶了一下點菜單很簡單地結束。	1. 發現店面 2. 走進店門 3. 入座 4. 發現操作方法 5. 看展示面板 6. 選擇菜單 7. 飲食 8. 結帳

圖表4.43　活動劇本

4 互動劇本的展開

這次合成了三個情境的活動劇本製作的任務，成為一個劇本（見圖表4.44）。這是為了方便描繪系統整體，以及容易想像硬體。在這個劇本中討論了店家的外觀、裝潢、

互動劇本		製作者	C組		製作日期		年　月　日	流水編號	
		標題	以巧克力為主題的新事業「吸引人的可可豆酒吧」						

人物誌的目標	對象人物誌		ID：
雖然很喜歡喝酒，但也很注重健康	酒精與健康……擁有兩種矛盾興趣的50歲商務人士	自己經營顧問業的山本浩先生，與妻子兩人一起生活。很喜歡異業交流會，最後總會去喝酒。因為在意健康，所以下酒菜總是選擇蔬菜棒或者生菜沙拉。	

任務	互動劇本（硬體／軟體／人性體）	規格意見
1. 發現餐廳 2. 走進店門 3. 入座 4. 發現操作方法 5. 看展示 6. 選擇菜單 7. 飲食 8. 結帳 9. 登錄會員 10.輸入自己的資訊 11.觀看健康資訊	可可豆的香味飄來。循著香味發現餐廳而走進店裡。坐在展示面板的吧檯座位。看著吧檯的展示面板，向可可豆男孩（酒保）詢問推薦產品。可可豆男孩推薦產品的同時，也從自己的方向選擇推薦產品的資訊。 選擇展示的餐點並點餐。料理被送上吧檯。食用完畢在位子上用西瓜卡（類似台灣的悠遊卡）支付後離開餐廳。回頭想了想，才發現資訊的往來很容易。 下次再到店裡，看到展示面板上的廣告，顯示只要用西瓜卡感應，就會出現文字「好久不見」以及今日的推薦菜單。 發現可以製作「我的菜單」，於是仕觸控面板上選擇看看。在面板側邊輸入自己的資訊。為了測量體脂肪，握住旁邊的可可豆造型球，然後就看見自己的資訊出現在畫面上。推薦菜單上可以選擇口味偏好、可可豆香味種類、酒精強度等客製化選項。 用西瓜卡支付後，店員詢問是否登錄成會員，回答OK。畫面上出現山本先生的偏好。	體脂肪可以用做成讓人自然想握看看的可可豆造型球來量測。

圖表4.44　互動劇本

使用者使用的機器及畫面的設計、樣式、利害關係人的氣氛等。另外大家也討論了劇本中出現的菜單以及料理的想像圖。

　　然而，光是用劇本記述很難想像整體，因此將裝潢、機器、使用者介面的簡單描述加入產品、系統、服務的想像表中，以補足這部分（見圖表4.45～4.46）。

圖表4.45　想像的店門外觀

圖表4.46　店內裝潢、展示面板的使用者介面

3 總結

　　透過這次提案的團體合作可以知道，在個別思考的階段和小組整體一起思考的階段，都需要考量使用者體驗願景設計的運用。另外，展開本設計法的工具模板，也會依據個人使用或集團腦力激盪而有所不同。我們也發現依據事業策略及開發對象的不同，手法與模板的使用方式會出現很大的差異，今後需要每次針對有必要的部分進行改善，以對應各式各樣的案例。

（髙橋克实：HOLON CREATE公司）

4-11 活用交通電子錢包的站內服務

【工作坊案例 / 服務】

1 概要

本個案的工作坊主題是「交通電子錢包為了擴大使用的範圍到交通以外，欲開發與提供以方便為價值的新服務」。工作坊遵循使用者體驗願景設計的順序，依照以下流程進行討論。

這裡將以「Iyasuku」（在車站內設施提供泡腳等療癒服務）為案例，介紹服務提案展開前的過程或重點。工作坊實際花了9小時，參加者有8名。

2 過程

1 製作價值劇本

留意以下重點並製作：

- 不具體記述使用者、產品、系統、服務（對象物、構成要素）。
- 確認事業領域及對使用者的提供價值。

製作價值劇本，有以下三個困難之處：

- 缺乏價值根據的事實，沒有確證可知這究竟是一時興起想到的價值，還是包容性高的價值，因此有必要進行討論。
- 如果對價值的記述不適當，便得不到其他成員的共鳴。
- 一不小心容易變成活動或互動等級的討論。

最後，顯示連結到最後服務的價值劇本及其評價（見圖表4.47、圖表4.48）。

2 製作活動劇本

製作時應留意以下重點：

- 不記述具體的產品、系統、服務（對象物、構成要素）。
- 以人物誌為觀點的劇本，主詞即為該人物。也要從情感面觀察人物的偏好、價值感、態度等。
- 加入與人物誌對應的通用設計要求事項。
- 讓每一個活動更明確，以圖示顯示情境速寫，方便與團隊共享。
- 視需要確認價值劇本。

最後，顯示彙整的活動劇本及其評估（見圖表4.49、圖表4.50）。

價值劇本

製作者	B組	製作日期	年　月　日	流水編號	
標題	以交通電子錢包有效利用時間，提供站內的新型態療癒服務				

使用者與利害關係人的名單	角色的假設	角色
車站利用者、站內服務人員	因通勤、出差而使用車站的人	因通勤、出差使用車站的20~30歲女性社會人士

使用者資訊	使用者根本需求	價值劇本	情境
·疲憊感 ·忙碌的日常生活 ·有很多零碎時間，很難有完整的時間	·希望療癒疲憊身心 ·希望有效地運用時間	使用者觀點： 疲憊的20~30歲的女性社會人士，在通勤途中的站內，等待換車及電車的空檔，可以有效活用，療癒疲憊的身心後恢復活力。	1. 稍微恢復活力。 等待換車的五分鐘也想稍微獲得療癒。 2. 完全恢復活力。 辛苦的工作結束後，想花30分鐘好好消除疲勞。
事業資訊	事業活動方針	事業觀點： 與各種行業合作，讓服務無縫接軌，創造出對顧客來說更高方便性的服務，以其為中心活用交通電子錢包及顧客資訊。	＊討論5分、10分、15分、30分鐘療程的個別情境。
·開發車站內新型態店面的需求 ·開發使用交通電子錢包服務的需求	·以通勤途中的顧客為目標，創造車站內的新型態事業（服務） ·以交通電子錢包為中心，藉由多業種的合作拓寬服務的幅度		

圖表4.47　**價值劇本**

價值劇本的評估

製作者		製作日期	年　月　日	流水編號	
標題					

評估重點	角色
·是否達到專案目標 ·是否滿足使用者根本需求 ·是否符合事業活動方針 ·是否符合角色	因通勤、出差使用車站的20~30歲女性社會人士

評估對象	價值劇本

評估對象		
·可視化價值劇本後再評估		使用者觀點： 疲憊的20~30歲的女性社會人士，在通勤途中的站內，等待換車及電車的空檔，可以有效活用，療癒疲憊的身心後恢復活力。
評估手法		
使用者觀點	使用者評價	情境的可視化
	專家評估	確認點
事業觀點	專家評估	各專門領域的評估

（使用者觀點／事業觀點文字）：事業觀點：與各種行業合作，讓服務無縫接軌，創造出對顧客來說便利性更高的服務，以其為中心活用交通電子錢包及顧客資訊。

評估觀點							意見
○：重點項目			分數合計		42		
使用者觀點	○魅力性	是否有魅力價值（被吸引、好玩……）	6 pt x	2	w=	12	雖然有新穎性但還是依內容不同
	有效性	是否有幫助（想使用看看、想利用看看……）	5 pt x	1	w=	5	短時間就能瞬間恢復活力很符合現實狀況
事業觀點	策略性	是否符合經營方針、事業方針、品牌方針	6 pt x	1	w=	6	創造出高級感以獲得信賴及安心
	社會性	是否遵循了守法經營、CSR（包含環境）	5 pt x	1	w=	5	需注意可能會牽涉到相關法規等風險
	市場性	是否有市場規模、成長性（投資組合分析）	8 pt x	1	w=	8	站內服務在重要轉運站有很大的成長可能
	事業性	是否符合事業環境與經營資源（SWOT分析）	6 pt x	1	w=	6	將車站當作生活圈的交通資源，依據內容會有不同

總結意見	是否可前進下個步驟
讓客人在換車的車站有效活用零碎時間、重拾活力的服務主題很重要。 以重拾活力為主題，思考輪轉率高、坪效好的服務是什麼。 如何與彼此競爭的飲食及購買服務做出區隔、吸引顧客，是最大重點。	**合格**

圖表4.48　**價值劇本的評估**

活動劇本	製作者	B組		製作日期	年　月　日	流水編號	
	標題	以交通電子錢包有效利用時間，提供站內的新型態療癒服務					

人物誌的目標	人物誌		ID
想有效利用時間 想獲得療癒	高見愛子 （Takami Aiko）	全盲系統工程師 I can do it! 不想依賴他人。 30歲、單身。完全活用手機。在家也是可靠的 大姊。	

情境	活動劇本	任務
1. 稍微恢復活力。 等待換車的五分鐘，也 想稍微獲得療癒。	愛子小姐在大阪出差，經過漫長的會議後搭上新幹線。在車 上她已經查好了要從新橫濱換車到薊野。因為時間已晚，所 以地鐵換車要等20分鐘。 轉乘資訊APP接著介紹了能利用等車時間的新療癒服務。「意 外有這種好服務。今天好累，看起來好像很有效，價錢也合 理。」愛子小姐很開心地確認內容。 等待時間中實際能運用的空檔大概有五分鐘，所以她選擇並 前往了可立刻有效恢復活力的服務。 走出剪票口，預約服務的說明已經傳簡訊過來。愛子小姐循 著導航，不依賴視覺也沒有迷路，順利到達位在換車途中的 店面。店員出來迎接、親切接待，介紹店內服務。 開始療癒服務完全放鬆後，該前往換乘地鐵的簡訊通知也來 了。由於費用是自動支付，於是愛子小姐就這麼走出店外。	1. 從換乘資訊APP得知服務 2. 預約 3. 循著導航到達店面 4. 接受療癒服務 5. 接獲電車通知 6. 支付費用 7. 離開店家走向電車

圖表4.49　活動劇本

活動劇本的評估	製作者		製作日期	年　月　日	流水編號	
	標題					

評估重點	人物誌	
· 是否達到專案目標 · 能否實現價值劇本（情境） · 是否反映人物誌	高見愛子 （Takami Aiko）	全盲系統工程師 I can do it! 不想依賴他人。 30歲、單身。完全活用手機。 在家也是可靠的大姊。

評估對象	情境	活動劇本（部分亦可）
· 可視化情境、人物誌，依其不同分化 出每個活動劇本並評估	1. 稍微恢復活力。 等待換車的五分鐘也想稍微獲得療 癒。	等待時間中實際能使用的空檔大概有五分 鐘，所以她選擇並前往了可立刻恢復活力 有效果的服務。

評估手法				
使用者 觀點	使用者的評 估	活動劇本	走出剪票口，預約服務的說明簡訊已經傳 來。愛子小姐循著導航，不依賴視覺也沒 有迷路，順利到達位在換車途中的店家。 店員出來迎接、親切接待，介紹店內服 務。	
	專家的評估	確認清單		
事業 觀點	專家的評估	各專門領域的 評估手法		

評估觀點			評估				意見
○：重點項目				分數合計		40	
使用者 觀點	魅力性	是否是有魅力的體驗（舒服、嶄新、能 自豪的、體面的……）	5	pt x	1	w= 5	稍微體驗恢復活力是有魅力的
	○有效性	是否容易得到結果 （能使用、使用順手……）	6	pt x	2	w= 12	期待服務內容在短時間內有恢復 活力的效果
事業觀 點	策略性	是否符合產品戰略、服務戰略	7	pt x	1	w= 7	設置在換車的路線上容易集客
	社會性	是否考慮UD、安全、安心	7	pt x	1	w= 7	希望能跟車站環境一體化
	市場性	市場是否能接受	5	pt x	1	w= 5	不極端地背離經驗或體驗就可以 被接受
	事業性	以產品、服務來說是否划算	4	pt x	1	w= 4	雖然機器設備投資是問題，但營 運成本沒有問題

總結意見	是否可前進下個步驟
雖然利用車站的換乘時間，行動有限，但多數人也會覺得不想浪費時間。 在這裡的體驗可以有效的療癒身心，非常有意義。 但是短時間內如何在不大的空間裡創造出療癒的內容，仍是很大的問題。	**合格**

圖表4.50　活動劇本的評估

③ 製作互動劇本

製作時應留意以下重點：

・如果從初期狀態到目標狀態的階段數很多，應嘗試分割目標。

・人物誌觀點的劇本的主詞為人物，並明確記錄活動過程。

在這些討論當中，「療癒的KIOSK」（指日本JR集團所屬的各鐵路公司，在車站內所開設的連鎖便利商店名稱）→「IYASUKU」等關鍵字的出現很重要。

最後，顯示彙整好的互動劇本及其評估（見圖表4.51、圖表4.52）。

互動劇本	製作者	B組	製作日期	年　月　日	流水編號	
	標題	以交通電子錢包有效利用時間，提供站內的新型態療癒服務				

	規格意見
3. IYASUKU內 一走到店面入口 「歡迎光臨，您是有預約的高見小姐對嗎。讓您久等了。足湯的包廂請往這邊走。」店員出來迎接。 （店員的耳機裡可以聽到預約的客人接近的情報。「高見愛子小姐，第一次來店的客人，全盲」等簡單的檔案也可以聽到） **4. 包廂內** 用手機感應被指引到的包廂後，進入房間，關上門後開始播放療癒系的音樂，並且開始了介紹房間樣子的聲音導引。 愛子小姐脫下鞋子，坐在有舒服的沙發的膠囊房間中，「恢復活力5分鐘課程開始」，她聽見導引的聲音。 「啊～～」愛子小姐完全被療癒快睡著的時候，傳來了「差不多到了付款的時間」的聲音導引。 「貼心服務真令人開心」 她穿上鞋子，整理好身邊物品走出房間後，店員一邊說「感謝您的使用。恢復活力5分鐘課程金額為300日幣。期待您下次再度光臨」，一邊目送她離開。 **5. 地下鐵內** 回到車站不一會兒電車就來了。她坐在座位上，正想著這服務真是太好了，下次要再去的時候聲音訊息就來了。 「是IYASUKU」聽完後才知道是推薦下次服務的介紹。 **6. 數日後，在下班途中的新橫濱站** 幾天後，晚下班在回家的路上。電車剛離開，所以還要等一段時間。覺得討厭的同時，IYASUKU正好傳來聲音訊息。 「對了，再去一次好了」	・對店員事先聯絡顧客資訊 ・從顧客資訊來選音樂 ・感受包廂內的顧客行動 ・結合顧客資訊、顧客行為資訊的自動聲音導引 ・自動收取費用 ・語音自動推播服務信件（訊息） ・活用顧客的IYASUKU服務履歷製作廣告（簡訊） ・活用顧客的真實電車利用狀況資訊傳送廣告簡訊

圖表4.51　互動劇本

互動劇本的評估		製作者		製作日期		年 月 日	流水編號	
		標題						

評估重點			對象人物誌		
・是否達到專案目標 ・能否實現價值劇本（情境） ・是否反映人物誌			高見愛子 （Takami Aiko）		全盲系統工程師 I can do it! 不想依賴他人。 30歲、單身。完全活用手機。 在家也是可靠的大姊。
評估對象			任務		活動劇本（部分亦可）
・可視化情境、人物誌，依其不同分化 出每個活動劇本並評估			1. 從換乘資訊APP得知服務 2. 預約 3. 循著導航到達店面 4. 接受療癒服務 5. 得到電車的通知 6. 支付費用 7. 離開店家走向電車		1. 氧氣吧 2. 足部按摩機 3. 眼部按摩 4. ……
評估手法					「開會很疲勞，一直坐在車子裡腳也水腫了，試著並用這個跟那個好了？5分鐘300日幣，滿便宜的。」 愛子小姐選擇了組合方案後，確認了詳細的說明，按下「確定預約嗎？」的按鍵，操作了預約功能。
使用者 觀點	使用者的評估	模型			
	專家的評估	評估確認清單、啟發式評估			
事業 觀點	專家的評估	各專門領域的評估手法			

評估觀點				評估					意見
○：重點項目					分數合計		32		
使用者 觀點	魅力性	是否是有魅力的體驗（舒服、嶄新、能自豪的、體面的……）		3	pt x	1	w=	3	感覺身邊有新的事物
	○有效性	是否容易得到結果（能使用、使用順手……）		6	pt x	2	w=	12	一點點時間也可以感覺到效果
事業觀點	策略性	是否符合產品戰略、服務戰略		5	pt x	1	w=	5	咖啡廳氣氛的開放式膠囊旅館印象
	社會性	是否考慮UD、安全、安心		5	pt x	1	w=	5	高級飯店感的招待
	市場性	市場是否能接受		4	pt x	1	w=	4	設施有設備投資，容易變成經常性的設備
	事業性	以產品、服務來說是否划算		3	pt x	1	w=	3	實現可能既有的恢復活力技術組合

總結意見	是否可前進下個步驟
以體驗為中心的服務，依賴膠囊包廂裡的服務內容，價值評斷困難。	？

圖表4.52　互動劇本的評估

3 總結

　　預先設定好的人物誌對於設定出使用者雖然有幫助，但如果少了製作人物誌的背景等種種資訊，要據此作為發想起點似乎稍嫌資訊不足。另外，可以感覺到分成三個劇本來細究服務創意的手法之有效性。

（伊藤潤：索尼公司）

4-12 與實體書店合作的電子漫畫手機App
【工作坊案例／網站】

1 概要

　　企業使用網路服務有兩種情形，一是用網路推廣企業活動或宣傳產品，二是在網路上提供服務、獲取利益。在此我們要討論的是以使用者體驗願景設計，在設計網路服務時的注意事項。題材為電子漫畫與智慧型手機的App。

2 過程

1 角色的討論

　　網路服務是一種服務業，跟其他服務業一樣，提供的並非實體產品。網路服務提供的價值，基本上是結合多數顧客的要求而產生。如果是拍賣網站，對象是賣家與買家，假如是Q&A網站，則是提問者與回答者，網站搜尋服務的廣告也是一種連結有求知需求的人與和該資訊相關的產品販賣者之行為。

　　然而，如果要同時滿足多個角色的期望，這樣的服務可能變得無法滿足任何一個使用者的根本需求。因此，在討論網路服務時，重點是要整理出多種角色的關聯性，且重新明確定義出重要度（見圖表4.53）。

2 價值劇本

　　討論角色的結果，決定將購買漫畫的消費者，視為最重要的使用者（見圖表4.54）。另外，從事業角度來說，以與電子漫畫販售業者和出版社合作為前提，由一

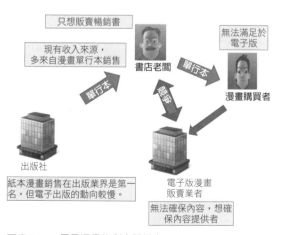

圖表4.53　電子漫畫的利害關係人

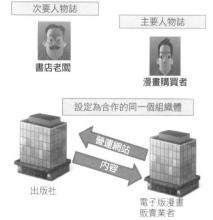

圖表4.54　人物誌的檢討

個大型公司來提供服務，將事業活動方針整理成單純的形式，製作價值劇本後進行討論（見圖表4.55）。

價值劇本	製作者		製作日期	年　月　日	流水編號	
	標題		與實體書店合作電子漫畫的智慧型手機App			

使用者與利害關係人的名單	角色的假設		角色	
漫畫重度使用者 電子漫畫販賣業者 出版社、書店	漫畫重度使用者	▶	滿賀集作、26歲、男性	

使用者資訊	使用者根本需求	價值劇本	情境
‧買漫畫週刊回家的話，房間會變得很擠，所以在回家路上會丟掉。 ‧一旦買了電子版的漫畫，如果又想要紙本的漫畫時，成本會提高。	‧想避免「只有自己不知道的好評價漫畫」。 ‧只想蒐集自己喜歡的漫畫。 ‧希望唾手可得	喜歡漫畫的人不只可以用便宜的價錢看電子版的好看漫畫；如果看了喜歡的話，電子版也可以指引他們買紙本漫畫的地方，而且還能扣抵電子版已支付的費用，避免重複支付同樣的內容。 書店可以透過購買履歷傳送推薦名單，不會錯過有興趣的漫畫。	1.看獲得好評的漫畫 2.找賣漫畫的店 3.購買實體漫畫 4.在書店購買新的漫畫

事業資訊	事業活動方針		
以不破壞既有紙本漫畫銷售數字與書店的關係之型態，進行電子出版。	電子版漫畫書可以當成促銷書店紙本漫畫的材料。	▶	

圖表4.55　價值劇本

③ 活動劇本與互動劇本

網路服務完成於網際網路這個虛擬空間，比起實際存在的產品及服務，更不容易讓人了解服務的存在。因此，為了讓使用者認知服務的存在，除了網路上使用者的行動，提供包含網路服務以外的行動等整體體驗更形重要。在本案例中，是從部落格開始使用服務（見圖表4.56）。

④ 劇本的評估

通常評估劇本時，只會從事業觀點和人物誌觀點進行，而這次評估活動劇本與互動劇本時，製作了書店老闆的人物誌，驗證以下的觀點：

‧考慮書店老闆的技術程度，檢視操作是否太過複雜。
‧考慮書店狀況，檢視所需的器材系統是否過於龐大。

3 總結

將使用者體驗願景設計運用在電子漫畫的題材上，討論網路服務的可能性。透過本案例，在檢討網路服務時考量到以下幾點，得以有效地活用使用者體驗願景設計：

‧整理多種角色的關係，決定重要程度。
‧將主力放在主要人物誌的根本需求上，其他角色只供評估用。
‧從開始利用的情境進行檢討。

（酒井桂：Yahoo）

	活動劇本	互動劇本
看受好評的漫畫	集作先生想看網路上獲得好評的漫畫，在行動裝置（智慧型手機、平板電腦）上買了電子版來看看。	集作先生 在網路上看了漫畫之後，在評價漫畫的部落格下方發現按鈕。 在「漫畫商店」按下購買按鈕後，購買完成 按下按鈕後出現「漫畫商店」。 從智慧型手機啟動App後就可以閱讀。
找賣漫畫的店	看完後覺得這本漫畫很有趣，所以想要購買紙本漫畫。搜尋後地圖上出現了目前所在地附近有鋪貨的書店。	集作先生 拿App的畫面給店員看。 書店老闆 老闆用店裡的智慧型手機讀取條碼。 從網路上確認購買履歷等，並確認尚未使用折價。 集作先生可以折抵掉電子版的200日幣來購買。
購買實體漫畫	地圖上出現的書店，只要在購買該本漫畫時出示行動裝置，購買電子版的價格可以再打折，令人滿意。	看完漫畫後 出現搜尋按鈕，按下去。 出現附近有鋪貨的書店（當然也可以當作導航使用）。
在書店購買新的漫畫	之後經過書店前，行動裝置上出現了上次購買的漫畫新刊已發售的通知訊息，於是走進了書店購買。	 集作先生 通知傳來，按下「預約保留」按鈕。  拿App的畫面給店裡的人看。 店員用條碼確認預約是否完成。 書店老闆 通知書店，店員確認有庫存。

圖表4.56　活動劇本與互動劇本

後語

　　「如果想要企劃的，是從未嘗試過的產品、系統、服務，該怎麼辦？」本書的執筆，始於意識到這個問題的存在。

　　一直以來，國內的產品、系統、服務，開發範本大多來自海外，參考這些海外範本，找出問題或者改善之處後，加以改良，向來是日本擅長的處理方式。例如「人本設計」（Human Centered Design）便是一種改善易用性的思考法，有助於解決「以使用者為中心」的產品、系統、服務問題。然而，要創造出前所未有的產品、系統、服務時，很少能運用到易用性的處理手法。因為使用者多半以現在既有的事物，為企劃及創意發想的出發點。

　　另一方面，如同近年來「設計思考」（Design Thinking）等風潮，企業的經營及企劃部門，經常運用設計方法，來找出事業的解決方案。想要找出設計方向的手法，可藉由深度觀察使用者，掌握其行動及周遭環境，找出問題解決方法及新提案的線索。這種企劃與發想的出發點，並不存在於既有的事物，而在於找出使用者真正想要、期待擁有的價值，因此非常適合用來提案前所未有的產品、系統、服務。

　　隨著產業結構的服務化、生活資通訊技術化，經濟不景氣，以及311大地震等社會的典範轉移，以往的事業手法無法解決的課題，以及渴求新提案的情況，似乎已經明顯存在於各式各樣的商務、生活情境中，因此也拓寬了設計方法能貢獻的領域。不過設計方法也不見得因此成為一種已確立的手法。

　　為了企劃出前所未有的產品、系統、服務而產生的手法，就是「使用者體驗願景設計」。我們將這種手法的進行方式，命名為「體驗願景」——以使用者體驗及經驗的累積為核心，描繪出讓社會變得更好的手法。這個手法已經進行過三十幾次的工作坊，並實際導入企業或教育機關，使其更趨成熟，不再只是紙上

談兵，而是實際有效的方法。

「使用者體驗願景設計」雖然具有實效，但因應產品、系統、服務的性質及專案的預算、期限，有時選擇解決現狀問題的手法較為有效。無法一概而論地斷定採用「體驗願景」手法一定會比較好。

但有一點可以確定：思考體驗，可以增加生活的豐富。現在我們漸漸發現，經濟上的富足不必然等於生活體驗上的豐富，也開始珍惜生活中所有的大小體驗與感受。我認為只要誠心認真地反思自己的生活體驗，就能催生出優異的企畫，產出有魅力的產品、系統、服務，將專案導向成功。

本書將「使用者體驗願景設計」的相關概念與流程，整理在第1部與第2部。另外，除了學習這個設計法的概念與流程，藉由活用第3部的模板，也可具體實踐。實踐時也請參考第4部的「個案研究」，斟酌該如何將此手法導入實務。

最後，本書是以由日本人因工程學會人因設計部的「使用者體驗願景設計工作小組」成員為主，所撰寫的結果，共有6位作者、7名執筆協力者，以及提供莫大支持的人因設計部成員、SIG會議成員、負責書本設計的竹內公啟先生、丸善出版的渡邊康治先生，再加上其他許多人的幫助才得以完成。在此謹向所有提供幫助的朋友致上謝意。

作者代表　山崎和彥
寫於2012年5月

作者簡介

上田義弘（Yoshihiro Ueda）
富士通設計有限公司董事長・總經理

九州藝術工科大學（現九州大學）藝術工學部工業設計學科畢
業，進入富士通之後，一直從事ICT設計開發以及使用者介面開發
的工作。2010年開始擔任現職，亦為日本人因工程學會人因設計
小組部會的部會長。

郷健太郎（Kentaro Go）
山梨大學教授

東北大學大學院資訊科學研究科畢業，並擁有資訊科學博士學
位。曾任東北大學電氣通信研究所助手、維吉尼亞工科大學
Center for Human-Computer Interaction研究員。2011年開始擔任
現職。亦為人本設計推動機構理事、日本人因工程學會人因設計
小組幹事。

髙橋克実（Katsumi Takahashi）
Holon Create企業董事長

千葉大學工學部工業意匠學科畢業，曾任GK公司與設計ANNEX公
司副社長，1994年開始擔任現職。亦為法政大學講師、芝浦工業
大學講師，以及日本人因工程學會人因設計小組幹事。

早川誠二（Seiji Hayakawa）
Human Centered Design YOROZU Consulting代表

千葉大學工學部工業意匠學科畢業，曾任職於RICOH及SONY實踐人本設計。亦為人本設計推進機構副理事長，日本人因工程學會人因設計小組幹事。

柳田宏治（Koji Yanagida）
倉敷藝術科學大學教授

曾在三洋電機擔任影像、資訊機器的產品設計，以及負責使用者介面設計，2004年開始擔任現職。亦為日本人因工程學會人因設計小組幹事。

山崎和彦（Kazuhiko Yamazaki）
千葉工業大學教授，擁有藝術工學博士學位

京都工藝纖維大學工藝學部意匠工藝學科畢業，曾任Cleanup及日本IBM的設計中心長，2007年開始擔任現職。亦為日本設計學會理事、日本人因工程學會人因設計小組幹事。

國家圖書館出版品預行編目(CIP)資料

使用者體驗願景設計：從0到1的產品、服務、
　　商業模式創新手法 / 山崎和彦等著；詹慕如、
　　劉軒妤譯. -- 臺北市：中衛發展中心，2018.04
200面；17×26公分. -- （經營管理系列：52）

ISBN 978-986-91998-6-5（平裝）

1. 商品管理　2. 產品設計

496.1　　　　　　　　　　　　　106017993

經營管理系列　52

使用者體驗願景設計

從 0 到 1 的產品、服務、商業模式創新手法

作　　　　者	山崎和彦、上田義弘、高橋克実、早川誠二、郷健太郎、柳田宏治
譯　　　　者	詹慕如、劉軒妤
審　　　校	范成浩
發　行　人	謝明達
總　編　輯	朱興華
編 輯 委 員	葉神丑
執 行 編 輯	林燕翎
特 約 編 輯	周詩婷
校　　　對	渣渣
封 面 設 計	Javick 工作室
內 頁 設 計	綠貝殼資訊有限公司

發　行　所	財團法人中衛發展中心
登　記　證	局版北市業字第 726 號
地　　　址	100 台北市中正區杭州南路一段 15-1 號 3 樓
電　　　話	（02）2391-1368
傳　　　真	（02）2391-1231
網　　　址	www.csd.org.tw
郵 政 劃 撥	14796325
戶　　　名	財團法人中衛發展中心

書 系 代 碼	B4052
總　經　銷	聯合發行股份有限公司／電話：（02）2917-8022
出 版 日 期：2019 年 9 月 2 刷
定　　　價　NTD$500 元
I S B N - 13　978-986-91998-6-5

Experience Vision:
User wo Mitsumete Ureshii Taiken wo Kikaku suru Vision Teiangata Design shuhou mook
Copyright © 2012 Kazuhiko Yamazaki, Yoshihiro Ueda, Kentaro Go, Katsumi Takahashi, Seiji
Hayakawa, Koji Yanagida
Chinese translation rights in complex characters arranged with Maruzen Publishing Co., Ltd.
through Japan UNI Agency, Inc., Tokyo and AMANN CO., LTD., Taipei